How to Change

掌控改变

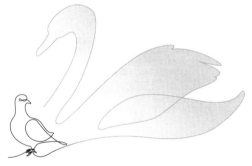

The Science of Getting from Where You Are
to Where You Want to Be

[美] 凯蒂·米尔科曼 (Katy Milkman)————著

符李桃————译

中信出版集团 | 北京

图书在版编目（CIP）数据

掌控改变 /（美）凯蒂·米尔科曼著；符李桃译
. -- 北京：中信出版社，2022.10
书名原文：How to Change: The Science of
Getting from Where You Are to Where You Want to Be
ISBN 978-7-5217-4265-7

Ⅰ.①掌… Ⅱ.①凯… ②符… Ⅲ.①经济学－通俗
读物 Ⅳ.① F0-49

中国版本图书馆 CIP 数据核字（2022）第 073124 号

掌控改变
著者： ［美］凯蒂·米尔科曼
译者： 符李桃
出版发行：中信出版集团股份有限公司
（北京市朝阳区惠新东街甲 4 号富盛大厦 2 座 邮编 100029）
承印者：北京通州皇家印刷厂

开本：880mm×1230mm 1/32 印张：9.5 字数：150 千字
版次：2022 年 10 月第 1 版 印次：2022 年 10 月第 1 次印刷
京权图字：01–2021–3307 书号：ISBN 978–7–5217–4265–7
定价：59.00 元

版权所有·侵权必究
如有印刷、装订问题，本公司负责调换。
服务热线：400–600–8099
投稿邮箱：author@citicpub.com

谨以此书献给支持我走上科研道路的两个家庭：

感谢我的丈夫卡伦，我的儿子科马克；我的父母贝弗和蕾。

感谢我的学术大家庭：

我的导师马克斯，我的同门和合作者约翰、托德、多利、莫杜佩；

我近期的最佳搭档安杰拉；我的学生恒辰、爱德华、埃丽卡和阿尼什。

本书所获赞誉

想要改变习惯、改变人生，这是本必读书。

——查尔斯·都希格，著有《习惯的力量》

如果你想成为"全新的自己"，这本书就是一个起点。

——丹·希思，合著《行为设计学》《瞬变》

这本书睿智、创新，囊括了近十年来的重大突破。

——阿里安娜·赫芬顿，健康内容平台 Thrive Global 创始人、首席执行官

凯蒂·米尔科曼令人惊叹。在这本书中，她分享了自己的秘诀。

——理查德·塞勒，诺贝尔经济学奖获得者，著有《助推》

精彩，独到，实践性强，这本书是科学领域关于持久行为改变的精彩总结。

——安杰拉·达克沃思，著有《坚毅》

这本书对行为改变进行了全面研究。米尔科曼告诉我们哪些策略是有效的，哪些策略是无效的，以及为什么。

——史蒂芬·都伯纳，合著《魔鬼经济学》，播客"魔鬼经济学"主持人

你应该把这本书从头至尾读一遍。

——史蒂芬·列维特，合著《魔鬼经济学》

凯蒂·米尔科曼不仅带来了行为改变领域最前沿的科学研究，还像朋友一样在你的身边为你的改变鼓劲加油。对任何想让生活变得更美好的人来说，这是一本必读书。

——安妮·杜克，著有《对赌》

关于如何克服常见的个人障碍，很多书都提供了建议，但是没有一本书能像这本书那样思路清晰、引人入胜、令人信服。

——罗伯特·西奥迪尼，著有《影响力》

这本书是通往成功道路的重要指南，能帮助你实现你的财务目标和人生目标。

——查尔斯·施瓦布，投资人，著有《投资》

阅读这本书就像世界上最聪明的朋友在你耳边低语。你会想给凯蒂·米尔科曼写封感谢信。

——丹尼尔·平克，著有《驱动力》

这是一场关于行为改变如何起作用的大师之旅。

——大卫·爱泼斯坦，著有《成长的边界》

大家都想知道如何改变自己，如何坚持好习惯。米尔科曼用最前沿的科学知识给了我们答案。

——卡罗尔·德韦克，著有《终身成长》

掌 控 改 变

要想以科学的、有的放矢的策略克服困难，请阅读这本引人入胜的书。

——埃里克·施密特，谷歌前首席执行官，著有《成就》

这本书的真知灼见能帮助我们应对人生的终极挑战——成为理想中的自己。

——斯坦利·麦克里斯特尔，美国退役陆军上将，著有《赋能》

这本书有三大利器：以事实为依据，引人入胜，充满了让你做出更明智选择的有效策略。

——亚当·格兰特，著有《重新思考》

如果你的目标是让自己变得更好，或者让团队、企业变得更好，那就阅读这本书吧！

——拉斯洛·博克，著有《重新定义团队》

健康的生活方式并不是虚幻的，这是一本理解创造持久改变之路的必读书。

——托尼·于贝尔，"24小时健身"首席执行官

将科学转变为行动，凯蒂·米尔科曼在这方面做得太好了。

——加里·福斯特，慧体优（WW）首席科学官

如果你准备好改变，如果你决心做出改变，这本书就是你的机会，它会让你把计划变成现实。

——赛斯·高汀，著有《这才是营销》

这本书充满了睿智的见解、前沿的实验和深奥的科学，引人入胜、难能可贵且非常有价值。

——尼古拉斯·克里斯塔基斯，医学博士，哲学博士，著有《蓝图》

本书所获赞誉

通过这本书，你不仅能够更好地洞察自己的行为，而且会受到启发，获得重新开始的动力。

——温迪·伍德，著有《习惯心理学》

这是一本必备的、易于遵循的指导手册，它能够帮助你理解是什么阻碍了你实现个人目标，以及你如何才能做得更好。

——劳丽·桑托斯，播客节目 *The Happiness Lab* 主持人

这本出色的行动指南让我感觉到，改变是有可能发生的。

——多莉·楚格，著有《你想成为的人》；
雅各布·B.梅尔尼克，纽约大学斯特恩商学院特聘教授

如果你希望学习知识，不断成长，通过行为科学领域的真实案例和研究获得启发，这本书你一定要读。

——莫杜佩·阿基诺拉，
哥伦比亚大学商学院管理学副教授，*TED Business* 主持人

目录

序　言

安杰拉·达克沃思，《坚毅》作者

在见到凯蒂之前，我已经从熟悉她的同事的口中了解了她。

肯定是你遇到的最聪明的人。

超级努力。相比之下你会觉得自己懒得不行。

堪比机器。我一周做完的工作，她一天就能做完。

所以凯蒂·米尔科曼是超人吗？

现在，我也是凯蒂的粉丝了。在很多方面，她是我遇到的最聪明、最高效的人之一。而且，和她的工作效率相比，我确实觉得自己有些迟钝。

但是，凯蒂并不是超人，她只是很多人心中想要成为的模样。在这本书中，凯蒂会告诉我们到底如何成为"超人"。

其实，凯蒂·米尔科曼就是掌握了人类天性，她找到了正确的方法，为自己的目标与梦想做出正确的行动。最开始的尝试可能不够理想，但只要是凯蒂在乎的事情，她就能够迅速精进，越做越好，越做越高效。作为世界著名的行为科学家，凯蒂的职业生涯一直围绕着这些问题展开，她能够理解为什么做人很难，也知道如何才能从根本上克服人的惰性，改变自己的行为。

虽然在刚结识她的时候，凯蒂在我眼中有着异于常人的能力，但现在我知道，她和大家一样需要面对人性难题。她也知道甜食薯条更好吃，她也想拖延着不去上班，她也会生气不耐烦。

但是，工科出身的她也有工科学生的气质，任何挑战在她眼中都是有待解决的问题。正是这种思维方式让她成为"超人"。

换言之，提升生活质量的秘密在凯蒂看来并不是摒弃人的天性，而是理解人性冲动源自何处，摆脱冲动的驱使，让其为己所用。

就我本人而言，凯蒂的分享让我受益匪浅。我锻炼的频率增加了，回邮件更快了，还有其他方方面面的助益，这些都让我的生活变得更加轻松、更加美好。

凯蒂在这本书中分享的知识来自我们对"为良好行为而改变"计划所展开的研究。在过去的5年中，我们开展了一个雄心勃勃的项目，探索改变所需的条件，研究了各种增加健身频率、增加慈善捐赠、推动疫苗接种以及提升学生成绩的方法，也设计了追求改变的创新方法。但是，仅凭我们二人之力无法解决如此复杂的问题，因此，我和凯蒂组建了学术团队，邀请了全球数百名各领域的学者，他们来自经济学、医学、法律、心理学、社会学、神经科学和计算机科学等领域。在这本书中，读者不仅可以了解凯蒂以及我们的研究发现，还可以了解我们与其他非凡的科研人员的合作成果。

阅读一本书就像和作者对话。因此，自己读的书一定要精挑细选。在有限的时间里，你更想和那些能给你带来新知的人对话，你也想发自内心喜欢上和你对话的人。如此一来，阅读的时光才令人愉悦，你也能从书中获得自己最需要的信息。

这也是为什么你应该继续读下去，而且要认真读完这本书。毫无疑问，如果你我和大多数人一样，那么我们必然在尝试改变，期待着更好的未来。你可能已经进行了不少尝试，并且产生了疑问：为什么改变这么难？

在这本书中，凯蒂将带给你一些新的见解：你会了解，在开始培养新的习惯时，正确的时机非常重要；你会了解，即便是在自己最有决心的事情上，健忘也是隐形的敌人；你会了解，让困难的事情看起来有趣比看起来重要更能推动改变。

更重要的一点是，在这场对话中你会感受到凯蒂风趣又暖心、智慧又谦逊，也会听到她出于对自我局限的认知以及对人类动机与行为的大师级的理解而提出的问题："你的问题出在哪？"

你会感受到，她诚挚地希望帮你做出改变。她既是世界顶尖的行为科学家，又是热心的友人，她会耐心地陪你前行，让你成为更好的自己。

有过这番对话，你会尝试她提出的方法，你会好奇自己为什么没有提前想到，你也会获得新的方法去面对人生，那可能是凯蒂还没发现的新思路。

在未来的某一天，刚认识你的人可能很好奇，你怎么会对冲动和矛盾拥有天然的免疫力，他们可能会夸赞你的高效率，可能会请教你如何在一天内完成那么多工作。

可能你会把他们介绍给你的老朋友凯蒂："读读这本书吧。我们都在努力让自己的行动配得上自己的目标，很多人遇到了困难，我也曾遇到了。不过，我学会了把人生中的每个困境都当成待解决的问题。"

你会告诉他们，追求更美好的人生不是成为超人，不是摆脱欲望、怪癖或者人性弱点，而是带上最前沿的科学工具，成为一个生活难题的解决者。

我相信，这本书就是你的新起点，它会为你铺就前方的道路。

引　言

　　1994 年初，安德烈·阿加西的网球生涯显然出现了严重问题。从小到大，阿加西一直坚信自己会成为历史上最伟大的网球运动员之一。1986 年，年仅 16 岁的他成为职业网球运动员，其天赋得到盛赞，他在赛点的超强把控力、超乎寻常的防守技能给业内人士留下了深刻印象。[1] 到了 1994 年，阿加西已经名声大噪，倒不是因为球场上出色的成绩，而是他那特立独行的风格。[2] 网球向来以绅士运动著称，而赛场上的阿加西却穿着破洞牛仔裤、扎染 T 恤，留着飘逸的长发，戴着闪烁的耳钉，脏话连连。在其所做的佳能相机广告中，那句"形象就是一切"的广告语让人们对他的争议彻底爆发。[3]

在网球场上，阿加西的表现让人们大失所望：他时常在比赛中不敌技术相差甚远的对手[4]，比如，在德国的某次热身赛中第一轮就遭遇惨败，在某次大满贯赛事的第三轮出局[5]。他的世界排名不断下滑，从第7跌到第22，又跌到了第31。[6]与其合作了10年的教练突然决定终止合作[7]，而他本人在看《今日美国》的时候才得知这一消息[8]。他开始对外宣称他讨厌网球。

阿加西需要改变。

正因如此，他在迈阿密最喜欢的意大利餐厅约见了另一名职业网球运动员——布拉德·吉尔伯特。[9]吉尔伯特的球风与阿加西截然相反，他谨小慎微，一板一眼，毫无美感。他没有阿加西的天赋，但32岁时[10]他已经连续多年位居世界排名前20，在1990年甚至跻身前四[11]，这让很多网球爱好者大吃一惊。在和阿加西共进晚餐之前的几个月，吉尔伯特的新作《丑陋地赢》(Winning Ugly)刚一出版就大受欢迎，在书中他详细阐述了自己对网球比赛的独到见解。[12]

也正是此书的出版促成了这次饭局。阿加西的经纪人读完后就开始动员阿加西，希望这位备受困扰的球员能够和吉尔伯特谈一谈。[13]阿加西确实需要聘请新教练，他的经纪人觉得吉尔伯特差不多到了退役的年龄，他很可能会成为阿加西逆转职业生涯的贵人。阿加西同意了会面安排，不过正如他在 2009 年出版的《阿加西自传》中回顾的那样，他在会面前一直心存疑虑。吉尔伯特的古怪脾气大家都有所耳闻，不仅在赛场上，在生活中也是如此。当晚的饭局开始之后，阿加西的疑虑不减反增。吉尔伯特先是不愿意去海滨景观位就餐（因为害怕户外有蚊子）。没过一会儿，他又发现餐厅菜单上没有他最喜欢的啤酒，于是冲到隔壁超市买了半打并坚持让餐厅放到冷柜里冰一会儿。

过了好一会儿，大家才终于坐定。这时，阿加西的经纪人向吉尔伯特提了一个问题，那就是他对阿加西的比赛有什么看法。[14]吉尔伯特喝了一大口啤酒，缓缓咽下，直截了当地说出了自己的想法。他表示，如果自己拥有阿加西的技能和天赋，他早就在职业赛事中称霸了。在他看来，阿加西滥用了自己的天赋："每球都想抽杀得分。"这是一个严重的短板。吉尔伯特说，没有人能每次都直接得分，这样做必然会遭遇失败，阿加西是在一点一点削弱自己的信心。吉尔伯特对垒（并击败）阿加西好几回，早就知道他的问题。

从吉尔伯特的评论中，阿加西感受到对方的才智。没错，他是一个完美主义者，但是在听到吉尔伯特的那番话之前，他一直将这个特点视作优点而非弱点。在他的成长过程中，追求"一击命中"的球风来自父亲的教导。[15] 阿加西的父亲是一名参加过奥运会的拳击运动员，他在比赛中就是要不断追求击败对手的决胜一击。于是，在培养儿子的网球技能时，他也喊出了当年教练对他喊出的话："再用点儿力！再快点儿出手！"[16] 阿加西一直认为，自己抽杀得分的能力是优势，而在吉尔伯特眼中它却是"阿喀琉斯之踵"。

吉尔伯特继续说，阿加西要想赢球就得转换自己的重心。他郑重其事地说："不要只想着你自己，想想球网另一边的人，他有弱点。"[17] 吉尔伯特正是凭借准确判断对手弱点的能力才击败了比他厉害的球员的。[18] 他不是通过杀球得分，而是找到了减轻自己负担的方法。吉尔伯特说："你不必成功，你应该选择让对方失败，最好是让对方因自乱阵脚而失败。"[19]

他解释说，因为阿加西每次都想打出完美的一击，这相当于给自己添堵，让自己承担了更大的风险。

吉尔伯特的意思非常明白：在阿加西的网球职业生涯中，以自我为中心的策略并不是最佳选择，至少不利于他取得胜利。更好的策略就是仔细地评估比赛对手，根据对手的弱点调整自己的节奏。这不是阿加西的球风，这种风格可能没有那么耀眼，但获胜的概率更大。

聊了一刻钟，吉尔伯特起身去卫生间，阿加西马上对经纪人说："他就是我们要找的人。"[20]

几个月后，阿加西以非种子选手的身份参加美国网球公开赛，也就是赛前排位他都没进前16。[21] 不过，在吉尔伯特的指导下，阿加西的球风已经有了重大变化。他很快遇到了一位老对手——六号种子选手张德培。在比分胶着的情况下，阿加西紧咬不放，最后凭借微弱的分差胜出。接下来面对九号选手，他很快看出对方的"小毛病"——总是看向自己打算击球的点，并利用这个弱点轻松击败对手。

突然，阿加西就闯入了决赛。那场比赛可是有着高达55万美元的冠军奖金，更重要的是，获得冠军是一种无上的荣耀。[22] 这是阿加西证明自己的机会，他要向世界证明他可以不负众望。

这一回，阿加西的对手是德国冠军、美网四号种子选手米夏埃多·施蒂希。[23] 阿加西一开场就表现得十分强势，干脆利落地获得每一分，轻松拿下第一盘。在第二盘决胜局中，阿加西险胜。第三盘的拉锯战愈加激烈，阿加西的每一分都得之不易，双方战成五比五平。[24] 如果想直接取胜，阿加西就需要破发，也就是要在接发球局击败对方。

阿加西的信心开始动摇。施蒂希并没有气馁，持续有力地发出一球又一球。突然，阿加西注意到施蒂希抓了一下侧边，这是抽筋的迹象，机会来了。阿加西终于破发成功。现在，还需要拿下4分他就可以获得美网公开赛冠军了——对一个一度背负天才盛名又泯然众人的运动员来说，这可能是最惬意的胜利。

在聘用吉尔伯特之前，阿加西经常在面对高压比赛时崩溃。他总是想一球制胜，总是冒险，因此也总是在需要求稳的时候把事情搞砸。不过，现在的阿加西大不一样了，他不再频频抽杀，而是全神贯注地接球、回球。吉尔伯特的声音一遍又一遍出现在他的脑海中："打他的正手位。不知道往哪儿打的时候，就打正手位！正手位！正手位！"[25] 阿加西准确地执行着指示，一次又一次将球打在施蒂希的正手位——他最脆弱的防守点。在赛点到来时，施蒂希失手了。

比赛结束了。阿加西双膝跪地，眼中满含泪水。他成为美网历史上第一位以非种子选手身份获得冠军的球员。[26] 是的，他创造了历史。

• • •

如果你尝试过做出重大改变，例如在工作或学习中取得更大成就、为参加马拉松而健身、为退休生活储蓄，那么你必然听过很多关于如何实现目标的建议。可能你已经采纳了其中一些——用健身手环监测每日步数，设置手机提醒在午间休息时练习深呼吸，把每天下午喝咖啡的钱省下来存入储蓄账户……你知道你的目标应该是具体、可量化的，你知道积极思考的力量，也知道要循序渐进，甚至还考虑加入互助小组。

在过去的20年中，大众对行为科学的兴趣日益浓厚，对该领域的研究和信息传播出现爆炸式增长，TED演讲、书籍、研讨会、手机应用程序等提供了各种各样的工具来帮助你做出改变，让你鼓励其他人也做出改变。

不过，你可能也注意到了，那些广受吹捧的方法对你自己、对他人似乎并不奏效。虽然你下载了提示应用，但还是忘了要吃药。虽然你设置了撰写季度报告的每日提醒，但还是拖延着迟迟没有开始。虽然雇主向员工提供有补助的再教育项目、退休福利计划，但是大家依然没有报名，哪怕是提供额外奖励也没用。

为什么这些旨在推动改变的工具或方法会时常失效？原因之一就是改变是困难的。但更重要的原因在于，你还没有找到正确的策略。安德烈·阿加西多年来都未能发挥出其潜能，因为他打球的方法出了问题。同样，我们经常尝试改变却因为采用了错误的方法而失败。正如阿加西一样，大家积极地寻求快速获得成功的方法，却忽视了对手的特点。

然而，要想将成功的概率最大化，我们就必须仔细估量对手，利用有针对性的策略应对挑战。通往成功的路没有放之四海而皆准的捷径。

网球运动有一套通用战术，在理论上是可行的：大力发球，来回调动对手，一有机会就上网。这套策略不错，但是如果你是一个出色的战术家，就像吉尔伯特，你就需要学会利用对手特定的弱点。也许对手不擅长处理反手侧的低削球，你就需要一直给对方制造这类困难，这样你就更容易取胜。

行为上的改变也一样。一般情况下，你可以使用一种通用策略：设定目标，分解目标，将成功的结果具象化，努力养成习惯（畅销书提供了多种方法——微习惯、原子习惯、关键习惯）。不过，如果想走得更远，你就需要为自己量身定制策略：识破阻碍你进步的弱点，全力克服它。

作为工科生，从本科到博士，我和朋友们似乎都无法避免那些人性的弱点：为什么在复习考试的时候总是无法停止刷剧？为什么无法让自己多去健身房锻炼？为什么作业总是拖到截止日期？为什么每顿饭都要吃垃圾食品？当时的我一直想不明白。不过，作为工科生，我大部分时间都在解决技术问题，所以我确信，面对人性的难题，我一定也能找到方法。

后来，在一门必修的微观经济学研究生课程上，我开始接触行为经济学——这一领域以严谨的态度和实证经验来分析人类何时以及为什么会做出错误的决策。我对如何"助推"人们做出更好的决策产生了强烈的兴趣，这个理念恰恰在我刚读博士的时候流行起来。"助推"运动 [27] 的创始人卡斯·桑斯坦与理查德·塞勒认为，很多时候，人们总是会做出不完美的决策，管理人员和政策制定者有能力也应该帮助人们避免常见的错误。也就是说，以助推的方式让人们做出客观上更有利的选择（比如，在自助餐厅中把健康食品摆在显眼位置、简化政府援助的申请表等等），这样就能以极低的成本且在不损害他人决策自由的情况下改善人们的生活质量。

突然，我意识到，也许我可以设计更有针对性的助推方法来帮助自己解决问题，比如刷剧或不运动。于是，我也加入了"助推"运动的浪潮，探究如何让自己和他人做出更有利于身体、更有利于财务状况的决策。没过多久，我就成了健身房的常客，《迷失》被我放到了待播清单中，一起放下的还有人生的"迷失"感。

几年后，我开始在沃顿商学院担任助理教授，我对助推的力量更感兴趣了。当时，有数据表明，无法坚持运动或者食用非健康食品可不是小毛病，而是关乎生死的大问题。在一次学术讲座中，我看到了一个图表，从那以后，它就深深地印在我的脑海里。那个图表分析了美国人过早死亡的原因，首要原因并不是医疗条件、社会环境、基因遗传或环境污染，40%的过早死亡与可以做出改变的个人行为相关[28]，也就是饮食、锻炼、性生活、交通安全、吸烟等在日常生活中看似无足轻重的事情。对这些"小"事的不当决策，每年都会导致成千上万的恶性肿瘤、心脏病发作和交通事故。

我愣了一下，马上坐直了："也许我可以为那40%的人做些什么吧。"

而且，事关生死并不是那张图表吸引我的唯一原因。那张图表不但凸显了日常决策对社会发展和人类幸福的重大影响，也反映出人们在生活的各个领域出现的失误。

因为希望做出改变，所以我转移了工作重心，投入大量时间阅读研究文献，研究行为变化背后的科学。我和来自不同学科领域的学者探讨了他们最成功的发现以及失败的研究。我还和小规模初创企业以及沃尔玛、谷歌等行业巨头合作，为其开发助推行为变化的工具。通过不断尝试，我逐步发现了比较统一的模式。当决策者、组织或者科学家希望用普适性的方法改变人们的行为时，效果通常是好坏参半的。但是，当他们开始分析妨碍改变的原因——比如，员工为什么不储蓄、为什么不打流感疫苗——然后制定更有针对性的策略来改变行为时，效果就好多了。

这让我想到，工科学习也有相似之处。工程师如果没有首先考虑阻力（如风阻或重力），就无法成功设计出优良的结构。所以，工程师在解决问题的过程中总是首先识别妨碍成功的障碍。在研究行为转变的过程中，我也深刻理解了这种策略的力量和潜力。正是同样的策略——识别对手的弱点——让安德烈·阿加西的网球生涯彻底逆转了。

当然，在改变行为的过程中，"对手"并不像球场上的那么显而易见。这时候的对手可能就在人的大脑中，可能是健忘，可能是缺乏自信，可能是懒惰，可能是禁不住诱惑。总而言之，要成功击败"对手"，我们就要对其进行评估，对症下药。

本书就是要帮助大家实现这一点，就是要将吉尔伯特的取胜策略应用于个人行为转变。在接下来的章节中，我将告诉你如何识别你的"敌人"，理解"对手"如何试图阻挠你取得进步，并告诉你如何应用针对性的科学方法"取胜"。每一章都会具体讨论一个阻碍人的行为转变的内在原因，你将在阅读这本书之后知道如何识别障碍以及如何克服它们。

我非常荣幸能够与全球顶尖的经济学家、心理学家、计算机科学家、医生等专业人士合作[29]，他们与我有着一致的目标——深入理解如何改变个人行为从而改善生活。我们的研究[30]已经带来重大发现，通过这些发现，高校提升了学生的表现，医疗机构减少了不必要的抗生素处方[31]，非营利组织增多了志愿活动[32]，企业参加福利项目的员工人数增

多 [33]。我们也找到方法帮助个人养成健身习惯 [34]，改善饮食 [35]，增加储蓄 [36]，积极参加选举投票 [37]。

我希望，通过使用这些工具，读者能不断做出微小的改变，最终实现重大行为转变。这也是阿加西逆转职业生涯的方法。他将吉尔伯特的理念运用到每一场比赛中，以极具针对性的策略逐个击败对手，一次又一次取得胜利。1994 年在获得美网公开赛冠军 [38] 之后不久，他终于获得了世界第一的排名，并且占据王座 101 周 [39]，他的网球生涯也成为传奇。

布拉德·吉尔伯特的建议促成了阿加西的转变。希望这本书的建议也能为你带来有益的变化。

How to
Change

时 机

2012 年，第一次到访谷歌庞大的公司总部，我感觉自己像是《欢乐糖果屋》中那个进入了糖果厂的小孩。谷歌总部坐落在加利福尼亚州山景城，公司上上下下无不是全球最尖端的设计和产品，甚至还有一丝离奇古怪的风格。我在办公楼之间穿梭，经过沙滩排球场，经过造型奇特的雕塑，经过全是知名品牌的礼品店，还有免费的世界级员工餐厅。太令人惊叹了。

　　谷歌邀请我和其他学者到公司总部参加人力资源高管的静思会。我不禁好奇，作为世界上最具创意的成功企业之一，谷歌还需要我们吗？春风满面的员工骑着公司标志性颜色的自行车从我身边飞驰而过，看着不像是有苦恼的人吧。2011 年，谷歌的营收已经达到 380 亿美元。[1]

然而，是人都有问题——哪怕是谷歌的员工。

公司组织本次静思会，主要目的就是帮助员工在工作和生活中更好地做出决策，尤其是要帮助员工提升工作效率[2]，提升他们的健康水平和财务安全水平[3]（后两者与工作表现有着密不可分的联系）。其间，谷歌副总裁、沃顿商学院毕业生普拉萨德·塞蒂[4]问了我一个看似无足轻重的问题。塞蒂在人力资源部门工作过好几年，正是他的问题推动我走上了一条重要的探索之路。

根据普拉萨德的阐述，谷歌公司为员工提供了各种福利计划和项目[5]，以期提升员工的生活质量、工作效率，规避各类问题，比如退休金储蓄不足、过度使用社交媒体、缺乏身体锻炼、饮食不健康、吸烟等等。奇怪的是，没有多少人参加这些项目。自己的团队煞费苦心开发的项目（谷歌为此投入了巨额资金）基本上被忽略了，普拉萨德既感到困惑又十分沮丧。为什么员工不踊跃参加免费的技能培训课程？为什么他们不加入公司的401K计划？

普拉萨德也曾尝试找寻原因，所有的解释似乎都有道理——可能项目的宣传工作做得不够，可能员工太忙了。与此同时，他也对时机产生了疑问。他向我提出疑问，谷歌公

第一章　时机

司应该在什么时候鼓励员工利用此类资源？在日程表上或者在一个人的职业生涯中，促成这类行为转变的理想时机[6]是否存在？

我陷入了沉思。普拉萨德的提问显然具有重要意义，据我了解，这个问题一直以来都被学术界忽视了。如果要促成行为转变，我们就应该考虑开始的时机。

虽然无法马上给出答案，但是我有一种强烈的预感。我回复普拉萨德，在给出论据充分的答复之前，我需要研读一下相关文献，重新搜集数据。那时的我已经迫不及待想要回到费城的实验室了。

"白板状态"的力量

不良行为或者不健康行为为什么会持续存在？早在普拉萨德之前，很多高管也在为此感到困惑。我和很多卫生部门的官员有过很多讨论，希望找到方法降低吸烟率、增强锻炼、改善饮食、提高疫苗接种率等等。更有不少人愤慨地发问，如果告诉人们做出有益的改变既简单又经济，以此来说服他们做出改变都不管用，那么还有什么灵丹妙药能奏效？

针对这一问题，本书给出了很多答案（最重要的一点是"视情况而定"），其中一个恰好能回应普拉萨德的问题。这就要从一个医疗界的成功案例说起。

婴儿猝死综合征（SIDS）听起来就是很可怕的事情。每年全球都有成千上万的婴儿在睡眠中毫无征兆地突然离世。[7] 多年来，婴儿猝死综合征一直是美国0~1岁婴儿死亡的首要原因。[8] 我还记得我儿子刚刚出生不久去做检查，儿科医生解释了婴儿猝死综合征的风险，我也吓了一跳。

在过去的几十年里，医学界对婴儿猝死综合征一直束手无策，直到20世纪90年代初，研究人员终于找到了突破口。他们发现，仰睡的婴儿比趴睡的婴儿死于婴儿猝死综合征的概率低50%。[9]

新发现值得庆贺，而且我们需要快速行动。这正是挽救成千上万小生命的好时机，公共卫生领域立刻启动了宣传工作。美国政府发起了大规模的"安全睡眠运动"[10]，向新生儿父母宣传仰睡的重要性。美国国立卫生研究院在电视上大量投放公益广告，向医院和医生发放宣传手册。

不过，这并不能确保宣传活动一定会成功。很多类似的项目都失败了，所以很多公共卫生部门的官员才会沮丧地给我打来电话。曾经有一个提倡减少肥胖的项目备受注目，这个项目要求所有连锁餐厅都要标出食品的卡路里[11]，比如一个巨无霸或一杯星冰乐含有多少卡路里，结果……这个项目失败了。还有，2010年美国卫生部门发起了接种流感疫苗的倡议[12]，效果微乎其微，流感疫苗注射率只是从原来的39%[13]上升至43%[14]。安全睡眠运动也有可能重蹈覆辙，无法有效地降低婴儿猝死综合征的发生概率。

最终的结果值得庆幸，1993年至2010年，美国婴儿仰睡的比例迅猛增长，从17%上升至73%，婴儿猝死综合征导致的死亡人数大幅下降。[15]而且，安全睡眠运动的效果一直在延续。2016年，我在费城分娩的时候，医生也递上了宣传手册。

安全睡眠运动取得了巨大成功，那为什么其他相似的项目却没有呢？受普拉萨德关于时机问题的启发，我提出了新的假设。

人的一生中，成为父母的那一刻显然是非常重要的转折点。就在孩子到来前的一天，你还完全不需要照顾一个小生命——喂奶、哄睡、换尿布、做好防护……突然，一切都变了。为人父母的点点滴滴都是新的开始，大家在这方面还没有坏习惯，也没有一贯的行为模式需要改变。无论结局好坏，所有人都是从零开始的。安全睡眠运动的宣传在这样的关键时刻出现了，每位家长都是刚刚起跑，结局未定，他们也希望尽力做到最好。我有预感，在需要改变行为模式的时候，这就是最佳时机。无论自己的父母、祖父母曾经的做法是什么，当医生告诉你孩子应该仰睡时，你都有强烈的愿望去做到这一点，而且你没有陋习需要抗争。

公共卫生领域其他运动——健康饮食、减少吸烟、定期打疫苗等——都需要改变成年人的习惯。在忙碌的生活中，人们已经有了固定的行为模式，改变发生的机会非常有限，新的倡议往往令人无所适从。即使是事关生死的重大信息，也时常被忽略。

从谷歌公司回来后，我突然想到一个可能被长期忽视的信息：改变自己或他人的行为，白板状态是巨大的优势——一切从零开始，不需要与旧习惯抗争。

不过还有一个问题，真正的白板状态非常少。所有需要改变的习惯基本上都是日常行为，已经和人们忙乱而固有的生活模式交融在一起。

不过，在没有白板状态的条件下进行改变依旧有实现的可能——只是很难。我在谷歌的经历提供了一种重要的方式——利用白板状态的感觉。

新起点效应

2012 年，在结束谷歌之行后我立即回到学校，与我当时的博士生戴恒辰（现在为加利福尼亚大学洛杉矶分校教授）以及来自哈佛大学的访问学者贾森·里斯开了个会。我迫不及待地告诉他们普拉萨德的问题，还有我的预感，即人们在感觉自己处在新起点的时候更容易接受改变。

恒辰和贾森听了我的想法也非常振奋，他们立刻领会了时机对行为改变的重大意义。我们都知道，当希望做出改变时，人们会本能地想要寻找那些让人感觉像是要翻开新篇章的时间点，想想每一年的新年愿望吧。经济学理论假定，除非现实条件发生变化，比如出现新的限制、新的信息，或者迫使人们调整一贯想法或预算的价格变动，否则人们的偏好会一直保持稳定。恒辰、贾森和我怀疑这种假设的准确性，因为在很多可预测的时间点上，现实条件并没有发生变化，但是人们还是会觉得有必要做出改变。兴奋不已的我们开始分享关于新起点促成行为改变的故事，讨论案例的共同点，思考行为转变的动机发生变化的深刻原因。

新起点带来的改变大多是一些小事，比如，不再咬指甲，在开车受到惊吓后注意驾驶安全，在某次感情失败后思考新的约会策略，等等。不过，我也听说过一些重大行为转变的故事。以畅销书《口渴》（*Thirst*）的作者斯科特·哈里森[16]为例，斯科特以新年为起点，决定放弃他在灯红酒绿的俱乐部做推广的工作，转而终身戒酒，致力于非营利组织的工作。新起点似乎也能激发持久且重大的变化。

经过团队讨论，恒辰、贾森和我很快认识到新年的重要意义，但是我们有一种预感，这仅仅是众多重要时机中的一个，生活中还有其他的重要时刻也是行为转变的起点，因为人们感觉自己被赋予一个全新的开始。所以，更重要的问题是，发现其他能够激起相似反应的时刻，理解它们激发心态变化、促成改变的机制和原理。

一开始，恒辰搜集了现有研究资料，了解人们对新年等特殊时间点的想法，很快她有了惊喜的发现。她找到一篇关于人们如何看待时间流逝的心理学论文。论文提到，人们很少将时间视为一个连续体[17]，而是倾向于以"片段"的形式回顾人生，以重要时间点建立起人生的故事线。如果把一生比作一本书，第一章的开篇也许是搬进大学宿舍的那一天（"大学时光"），接下来的一章可能是第一份正式工作（"职业生涯"），后面可能还有40岁生日、新的一年或千禧年的开始，等等。

这项研究让我们有了这样一种想法，即生活新篇章的起点无论重大与否，都有可能让人产生白板状态的感觉。出现这些"新起点"的时刻通常是人们身份或生活境况发生了标志性变化的时刻，这迫使人们随之做出改变，比如，从"学生"变成"职场人士"，从"单身"变成"已婚"，从"成年人"变成"父母"，从"纽约人"变成"加州人"，从"20世纪90年代的居民"变成"21世纪的美国人"。标签对人们的行为很重要，一旦被贴上各种标签[18]——"选民"（而不是投票的人）、"胡萝卜爱好者"（而不是喜欢吃胡萝卜的人）[19]、"莎士比亚的读者"（而不是经常读莎士比亚作品的人）[20]等等，人们描述自己的方式就会发生变化，他们的行为也会受到影响。

如果你许过新年愿望，坚信"新的你"在"新一年"一定能够迎来新变化，标签的力量就会作用于你。我最喜欢的一个故事来自拉伊·扎哈卜，我在一期关于决策的播客节目中邀请他做嘉宾。他利用千禧年的时机开启了人生新篇章。[21]

在此之前，拉伊的烟瘾酒瘾都很严重，有时一日三餐他都吃快餐。迈过 30 岁的门槛后，他厌倦了邋里邋遢又一无所有的生活，迫切地想要做出改变。

拉伊希望自己能向弟弟看齐——他是一名出色的长跑运动员。对吸烟的人来说，练习长跑并不现实，显然他应该先戒烟。但是，他就是戒不掉，无论尝试多少次，烟瘾一上来他都控制不住。想要与过去做个决断，他还需要更大的动力。

突然，他有了一个想法——利用 1999 年的最后一天，也就是把千禧年前夕当成戒烟日。拉伊解释说："因为这一天代表终结，似乎每个人都能感受到这一点。这是一个世纪的终结，或许也是人类的重启时刻吧。"

在 1999 年 12 月 31 日零点之前，拉伊抽了最后一支烟，然后对自己说："现在不戒，就再也没有机会了。"

第二天早晨，强烈的烟瘾又来了。"但是，这是 2000 年 1 月 1 日啊。"拉伊回忆道。新千年已经到来，拉伊已经跨过了一个重要的时间节点，他已经不再是原来那个无法戒除烟瘾的自己了。拉伊说："我感觉心中有一个声音告诉我'一定可以的'。"

他确实做到了，他彻底戒了烟。

2003 年，拉伊参加了育空极地探险赛并得了奖，那是世界上最严酷的耐力比赛之一。他知道，在 2000 年的第一天，胜利的曙光就已经照进他的人生，那一刻让一切都成为可能。

以新千年的第一天作为起点做出重大改变，拉伊的经历确实挺有戏剧性的。不过，每年的 1 月 1 日[22]，40% 的美国人都会下定决心积极改变人生：健身、储蓄、戒酒、学习一门新语言等。

随着新一年的到来，想做又没有做成的事情——戒掉社交媒体、门门考试优秀、提升职场关系、改善饮食习惯等——似乎都成了别人的过去。过去的一年，工作没有新突破，戒烟失败，在你眼中，那都是"过去的我，现在的我已经是一个全新的人了"。

恒辰、贾森和我猜想，如果人们真的有焕然一新的感觉，那么这种特定的情况确实可以帮助他们克服改变的障碍。我们需要检验一下这个想法。

我们先是搜集信息，分析人们通常会在什么时候想要改变。[23] 看过一组又一组数据，我们发现了相同的模式。在某大学体育中心，学生们改变频率最高的时间除了 1 月，还有每周前几天、节日放假回校后、新学期开始以及生日之后（21 岁除外，大家能猜到原因吗？）。同样，在 1 月、每周一、假期结束后这几个时间点，我们发现，在线目标设定（通过知名目标设定网站 stickK 获取数据）和谷歌上的"饮食"相关搜索的数量呈上升趋势。我们还发现，生日当天人们在 stickK 上设定目标的占比也非常高。

这一研究结论与我们三个人猜想的"新起点效应"高度一致。

我们又做了调查，询问美国人对新年、生日这类新起点日期有何感想。很多人都表示，这些起始时间点在心理上有种"重来"的感觉，会让人觉得过去的失败已经渐渐远去，自己已经焕然一新——成为一个可以积极面对未来的人。[24]

人们更愿意在这些时间点追求改变，因为这些时刻让人们跨越了设定目标的常见阻碍——失败挥之不去、笼罩未来的感受。

正因如此，每个星期一我都会觉得新的一周更高产。也是基于同样的原因，我的很多朋友会选择在新年和生日时许愿做出改变。这些新起点[25]会让人们停下来反思，思考人生的大局，这使得我们更容易产生改变的想法。

现在，恒辰、贾森和我已经有了一定的证据，也充分理解了新起点的意义，我们不禁想知道，还有没有蕴藏着改变人生可能性的其他时刻。

日历之外的机会

20世纪70年代初，鲍勃·帕斯在美国政府的联邦电力委员会担任出庭律师。有一回，他和女友去美国国家动物园游玩，类人猿展吸引了他们的目光。看着笼子里的大猩猩[26]，鲍勃突然转身对女友说："我完全能体会它们的感受。"

从动物园回来后，鲍勃决定给自己放个长假，理理思绪。他辞去工作，出门旅行，在某家乡村俱乐部开始给人上网球课。相较于律师生活，他感觉自己更快乐了，但他知道这种快乐不会持续很久——他想结婚生子，这就意味着他需要像之前那样有个稳定的工作。

没过多久，鲍勃又穿上西装，决定到当地一家律所面试。面试过程很顺利，但鲍勃突然感到一阵不适，被送回家。两天后，他被确诊为心脏瓣膜葡萄球菌感染，可能有生命危险。

这次经历成了重要的转折点。鲍勃躺在病床上生死未卜，他开始认真思考自己的人生，包括刚刚得到的工作机会。结论很清晰：他讨厌做律师。与死神擦肩而过之后，他开始重新规划自己的人生。用他的话来说："死亡让我直面我的人生。"

鲍勃终于意识到，教网球才是自己所爱，他婉拒了律所的工作。1973 年，他开办了网球学校，一开始只有几个学生。几十年后，这所网球学校欣欣向荣，而我正是其中的一名学员。鲍勃与我分享了他的故事，并告诉我那是他一生中最好的决定。①

---

① 你可能会发现，网球话题在本书的案例中一再出现，别害怕，我不是要专门讨论网球技术。年轻时，我参加过许多正式的网球比赛，它确实对我的思想以及行为研究有着很重要的启示。

第一章 时机

当我开始不断思索新起点效应的时候，我从鲍勃的故事中得到启发，他的健康危机终结了人生的一个阶段，这让他有勇气去开启新的篇章。这和日历上的日期毫无关系，是人生的一次重大事件带来了"新起点"。

鲍勃是在重病之后决心重新开始的。不过，研究表明，新起点也可以是搬家到很远的地方、职场晋升，甚至可以是通勤路线被打断。

在1994年发表的一篇论文中，两位心理学家调查了100多位想要做出改变的人，比如转行、结束一段关系、开始节食等。[27]他们发现，36%的成功尝试发生在搬家之后，仅有13%的失败尝试发生在搬家之后。该数据说明，当人们追求改变的时候，现实生活中发生的变动与日历上的"新起点"具有同样重大的影响。

不过，与日历上的日期不同，这些"新起点"更符合经济学规律，人们不仅改变了思考角度，生活境况也发生了变化，正因如此，他们发现了改变的新路径。2014年2月，伦敦地铁发生罢工[28]，导致一些地铁站被关闭，成千上万名通勤者不得不选择新的路线。有些人发现了更高效的上班路线，大约有5%的伦敦地铁乘客的通勤习惯因此而改变，而且变得更加高效。现实生活中的一些改变——搬家也好，通勤路线中断也好——能够让人们从陈旧的习惯中走出来，发现新的可能。而且，与心理层面的新起点一样，这些改变也会带来新的自我标签，让生活中的改变更加可控、更具吸引力。

当然，不是所有的变化都具有同等意义。得克萨斯农工大学进行了一项关于转校生的研究[29]，这些学生有些人来自外地，有些来自当地的专科学校。研究对比了环境不变和环境改变条件下的转校生。有些转校生的生活环境基本上没有改变，日常出行路线以及社交场合和从前差不多，还有一部分学生的生活环境变化则比较明显。

该研究探讨了经历不同的变化是否会改变学生看电视、读报纸和健身的习惯，结果发现，变化的程度确实很重要。部分学生（主要来自当地专科学校）经历的环境没有实质性变化，他们基本上保持了原有的习惯。另外一部分学生经历的环境变化比较大，他们做出行为改变的概率更大。同样，恒辰、贾森和我在实验中也发现，不同日期对人们的影响也有差别。[30]新年往往比星期一对行为改变的影响更大。日期越显重大，人们越有可能认真反思，越有可能与过去"诀别"。

我在这项研究中思索得越多就越清楚地认识到，新起点的潜力并没有得到充分利用。当我们希望改变时，我们可以通过改变环境打破原有的行为习惯和思考方式。这可能很简单，比如，找一家新的咖啡店，或者到新的健身房去锻炼。我们应该积极地寻找机会，利用生活中的其他变化，重新审视对自己最重要的事情。无论是生病、升职，还是搬家，生活的平静在被打破时都有可能带来人生的转机。

新起点的负面影响

谷歌之行过去两年后，恒辰跟我说她的博士论文有了一些思路，她想研究美国职业棒球大联盟（MLB）。[31] 一开始我还有些惊讶，因为她看起来不太像球迷。

经过她的一番解释，我理出了头绪。原来是 MLB 的球员交易规则吸引了她。MLB 由国家联盟和美国联盟组成，球员的联盟内部交易与跨联盟交易有一个非常奇怪的规则。当球员在赛季中期被交易时，跨联盟交易球员本赛季的数据会被重新计算，联盟内部交易球员本赛季的数据依旧从赛季开始时计算。

我一下就懂了。恒辰突然对棒球产生了兴趣，因为跨联盟交易的"分数重置"对球员来说就是一种新起点——数据呈现"白板状态"。在之前关于新起点的研究中，我们还没有探究过此类"重置"现象。

其实，"重置"在生活中俯拾即是。每天早上我起床时，运动手环就会发出提醒，今日步数为零——前一天的数据已经是过去时了，我要重新开始了。同理，每个学期伊始，同学们第一次走进我的课堂，之前所有课程的成绩对现在的成绩都不会有任何影响。无论是收入报告、销售记录，还是其他的业绩数据，都会被定期清零——可能是每年、每周或每月。当恒辰找我聊起这个论文题目时，我们确实对"重置"与个人实现目标的关系所知甚少。

因此，恒辰希望探究赛季数据水平相当的球员在经历重大变化，即被交易到新球队时，数据的"白板状态"是否有影响。假设球员 A 与球员 B 在本赛季迄今为止的击球表现不相上下，两人都被交易到新的球队，但是球员 A 是跨联盟交易，本赛季之前的数据被清零，球员 B 属于联盟内交易，本赛季之前的数据仍然计入总体表现。接下来会发生什么？

　　恒辰分析了 MLB 40 年的数据，发现上述问题的答案取决于球员前半赛季的表现。她分析得出结论，之前表现不佳[①]的球员在经历跨联盟交易之后表现有所提升。与之前新起点研究的发现一致，这些球员被交易后表现的提升幅度超过了那些在联盟内交易的球员。

　　2004 年我还在读研究生，游击手奥兰多·卡布雷拉[32]从蒙特利尔博览会队被交易至波士顿红袜队——也就是我家乡的棒球队。这次交易让红袜队受益匪浅，奥兰多在本赛季之前的打击率仅为 0.246，远低于 MLB 当年的平均水平 0.265。但是来到新队伍后，本赛季前半段数据被清零，他的打击率一下飙升 29%，达到 0.294，波士顿球迷惊喜万分。

　　恒辰还有更惊人的发现。有数据显示，新起点并不总是具有积极影响。从整体看，在季中交易前打击率较高[②]的球员（即在本赛季处于上升状态）在交易之后表现下滑，而且如果是跨联盟交易，数据被清零，下滑幅度会更大（证明该

---

① 在恒辰的研究中，"表现不佳"即打击率比联盟平均值低一个标准差。
② 在恒辰的研究中，"打击率较高"即比联盟平均值高一个标准差。

模式不仅仅是回归均值）。与之前提到的球员不同，表现优秀的球员并没有在"重置"之后得到提升，因为分数被清零意味着近期的优异表现离他们更遥远了，他们不得不从零开始。

MLB捕手贾罗德·萨尔塔拉马基亚深刻地认识到这一点，在自己顺风顺水的时候，新起点可不是好事。[33]2007年，贾罗德在亚特兰大勇士队的打击率为0.284，季中跨联盟交易之后他进入得州游骑兵队。到了10月，他的打击率下降了13%，为0.251，这与后来恒辰的研究结论一致。

对MLB的研究以及恒辰的其他几项研究都得出相同的结论。在某些实验中，恒辰雇用志愿者做不同的实验[34]，比如词语搜索、跟踪个人目标进度等。实验结果一再显示，"重置"可以让原来表现不佳的人提升水平，但是会对原来表现不错的人产生负面影响。

这具有重要的警示意义：不是所有人都会从新起点中受益。当一个人处于上升状态时，突然的变化可能会让其受挫。日常生活和职场都存在此类情况。变化本身可能不具有重大意义，甚至微不足道，但是它很有可能让人心力交瘁。想象一下，你在工作中刚刚进入状态，突然有人打来电话或者来了个话痨同事，你可能一整天都很难再集中精力了。又比如，你最近的健康饮食计划进展顺利，你早餐喝蔬果奶昔，午餐吃沙拉，晚餐自己下厨。结果暑假来了，你有接连不断的聚会，接连不断地摄入高油高糖食物，你根本不可能继续你的健康饮食计划了。

恒辰的分析也让我对过去的某些研究产生了新想法。在之前的两个项目中，研究人员试图帮助大学生养成健身习惯（其中一项由我主持），结果都出现了上述模式。在研究中，假期带来了负面影响[35]，之前养成健身习惯的学生在休假结束回到校园时不再坚持[36]。这种中断影响非常彻底，完全抵消了学生之前取得的进展。

这些实验结果以及恒辰的分析清晰地表明，新起点有助于开启新改变，但是也有可能打断之前良好的习惯模式。任何想要维系好习惯的人都要注意"新起点"的干扰。

选择正确的时机

2014 年秋季的一天，美国不同地区成千上万人都收到了一封特别的信件，红色的信纸，白色的大字：停止拖延……开始储蓄！

每个收到这封信的人都有两个共同特点：他们工作的大学和我以及我的研究团队的一项研究有关；他们都没有为退休进行储蓄。

过去的研究表明[37]，很多没有储蓄习惯的人其实不是不想从工资中留出一部分钱，只是他们还没有开始做。恒辰和我与两位储蓄方面的专家约翰·贝希尔斯和什洛莫·贝纳茨开展合作[38]，希望找到启动储蓄最简单的方法。我们发出的信件翻折过来就可以直接寄回，上面已经提前印好了地址，贴好了邮票，收件人只需要在选项中打钩、签字就可以了。收到回信后，我们会将学校未来发放工资的一部分自动转入他们的退休储蓄账户。

帮助人们开始储蓄当然是好事，但是我们团队更关心的是扣款时间的起始点是否会有影响。信件中的选项包含立即开始储蓄，不过我们猜测，很多人想要延迟工资变少的不适感，因此，我们觉得，如果能够挑选合适的时间启动储蓄计划，也许能够让更多人参与其中。这也正好回到了之前普拉萨德提到的时机问题。

第一章 时机

截至本书写作时，新起点的所有信息都印证了我的猜想——也能够回答普拉萨德的问题。但是，上述研究仅仅关注了人们自然开始改变的时机，还不能完全回答普拉萨德的问题——他希望知道谷歌如何促成员工的改变。

恒辰、贾森和我做的调查实验已经提供了线索。在某些研究中，我们招募了一批宾夕法尼亚大学的本科生，他们已经有了特定的目标，由我们来敦促他们开启行动。我们会发送提醒邮件，告诉他们需要做出改变的具体日期。不同学生收到的提醒日期有不同的设定，比如，在一项研究中，日期可能是 3 月 20 日[39]——"春季的第一天"，或者是"3 月第三个星期四"。在另一项研究中，日期是 5 月 14 日[40]——"宾夕法尼亚大学暑假第一天"，或者是"宾夕法尼亚大学行政日"（我们自己发明的，没有任何意义）。

在上述两项研究（以及其他研究）中，当日期与新的开始（比如"春季的第一天"）相关联时，学生们更倾向于认定其为启动改变的好时机，那些不太起眼的日子（比如"3 月第三个星期四"）则不然，这证实了我们的假设。无论是建立良好的健身习惯、睡眠习惯，还是减少使用社交媒体的时间，当建议日期与新开始相关联时，更多的学生希望收到提醒。其他行为学家的后续研究[41]证明，计划节食的人群也出现了相似的模式。① 近期还有研究发现，调整日历也能带来相似的好处。当给日历中近期的某个周日或周一加注每周第一天的标记时，人们会更有动力跟进自己的目标。[42]

但是，这些结果都来自小规模的研究，有些仅要求人们预测自己要做出什么改变，并没有追踪他们的实际行为。另外，很多实验都是在大学生中进行的，这个群体的决策行为与进入社会后的成年人有所区别。我想知道，行为转变的意图是否真的能够带来实际行动。因此，我们的团队向大学的教职人员邮寄了上述信件，敦促他们为退休开始储蓄。这些成年人已经有了根深蒂固的行为模式，我们想看看"新起点"是否仍然对他们的行为转变具有重要影响。

退休计划对人们的长期福祉至关重要[43]，但是大部分美国人储蓄太少了。如果新起点真的能够发挥作用，推动人们

---

① 两位心理学家进行了一项实验，他们把即将节食的人分组，使用不同的日历做计划：一部分以周为单位，只标记一周中的几天，比如，星期天、星期一、星期二；另外一部分用月历，仅标记一个月中的几天，比如2月28日、3月1日、3月2日。研究人员发现，参与者在查看月历时，在新的月份的第一天开始改善饮食习惯的可能性更高。当看到周历时，周一反而成为一个非常有吸引力的起点。

为退休生活储蓄，其意义就会非同一般。在我们发送的信件中，我们除了告知他们要立即开始储蓄，还为他们设置了稍后开始储蓄的日期，对一部分人来说，这个日期是具有新起点意义的一天——生日之后或者春季的第一天，对另外的人来说，我们建议的则是不具有新起点意义的任意一天。

新起点意义的标签果然有了强大的影响力。[44] 提示生日之后或春天的第一天进行储蓄的信件比任意日期的信件更有效，成功概率高出 20%~30%。通过提醒人们新的开始即将到来，行为转变的契机具有更强大的吸引力。该研究也说明，如果能够计算好敦促改变的时机，我们就有可能促成更大范围的行为改变，如报名线上学习、购买节能设备、安排体检等等。

掌握了众多相互佐证的论据，相较于 2012 年，我现在更有信心预测鼓励行为转变的最佳时机，而且也有组织采纳了我的建议。我与普拉萨德分享了新起点研究，之后，谷歌程序员建立了"时刻引擎"[45]，专门识别员工在哪些时刻更容易接受改变（比如，升职之后，搬入新办公地点后），然后向员工发送提醒，敦促他们及时采取行动。

而且，从战略层面鼓励人们转变行为，不仅仅是谷歌在行动。从非营利机构选择筹款活动的时间 [46] 到人力资源部门安排它们的助推计划，越来越多的组织在利用新起点帮助人们开启行为改变。

寻找"新起点"机会

自从我与恒辰和贾森发表了关于新起点效应的研究报告后，每年新年前后，我的收件箱都会被记者、电视主播、电台主持人和播客节目主持人的电子邮件淹没，他们想善用我在这方面的专业知识。

但是，一旦开始聊起新起点的力量，很多记者就会提及2007 年一项著名研究的数据：1/3 的美国人 [47] 到了 1 月底就会放弃其新年计划，4/5 的美国人无法实现新年计划。所以，基本上所有人都会有同样的疑问：如果那么多新年计划都失败了，那么我们还有必要做新年计划吗？直接放弃这个传统不好吗？

我当然理解大家的初衷。过去，我也因自己没有实现新年计划而懊恼，但我希望让更多人知道，科学研究能够帮助大家在这方面获得成功。总之，听到这个问题我确实有点儿不高兴。正如著名演员大卫·哈塞尔霍夫所说："如果连比赛都没参加，那就根本没有本垒打的机会。"[48]

在我看来，新年计划真的很棒。不仅如此，春日计划、生日计划、周一计划都很棒！只要下了决心，就会进入状态，就有了"全垒打"的机会。人们不想尝试改变，有时仅仅因为感觉改变很难。你可能也想过改变某个行为，但是想想改变的过程就觉得很累，所以你失去了开始的动力。你也可能尝试过改变，但是失败了，再次失败的恐惧让你止步不前。很多时候，改变总是需要多次尝试才能成功。

我想提醒那些觉得新起点没有意义的人，如果换个角度看 2007 年的调查数据，你会发现，新年计划有 20% 会成功。因为决心尝试改变，这些人最终走向了更好的人生，这个比例可不一般！回想之前拉伊·扎哈卜的故事，在新年之后，他告别了郁郁寡欢、身材走样、烟不离手的过去，成为世界顶尖的运动员。对部分人来说，新起点带来的是小变化。但新起点也能激励某些人去追求更宏大的目标，实现惊人的改变。

因此，如果你希望做出改变，却因为之前失败了，担心悲剧重演，觉得成功的机会渺茫，你不如就抓住新起点带来的机会。有没有一个日子在你看来具有挥别过去的意义？也许是生日，也许是夏季的第一天，或者就是星期一。你能改变现实生活中的客观条件吗（或者帮助你的雇员做出改变）？如果搬家或者搬到新的办公地点不太现实，那么你可以试试在咖啡店工作，或者改变日常通勤路线。又或者，你能"重置"自己定义成功的机制吗？就算不是职业棒球教练，你也有重置的机会，比如，你可以把年度目标分解成月度目标，这样重置的机会更多（也可以针对业绩困难的员工实施这一点）。

一旦确定了合适的新起点，下一个问题就是如何在改变的旅程中取得成功。

- 本章小结 -

- 行为转变的理想时机通常是一个新起点。
- 新起点会增强行为转变的动力，因为新起点要么带来真正的"白板状态"，要么让人们产生"白板状态"的感觉。新起点让人们与曾经的失败拉开距离，让人们与过去告别，让人们对未来抱有乐观预期。新起点可能会打断不良习惯，让人们从更宏观的视角思考人生。

- 新起点可以是日历上明确表示新开始的日期（新年、新季度、每月或每周的第一天）、生日、纪念日。新起点也可以是重要人生事件的时间节点，比如生病或者搬到新城市。新起点也可以是"重置"的时刻，比如某个个人表现的记录被清零。

- 新起点可能会激励人们做出积极的改变，但是也可能会打断正在进行的工作，阻碍进步，所以要小心新起点的负面效应。

- 鼓励员工、朋友或家庭成员追求改变的最佳时机就是新起点。

How to
Change

第 二 章

冲 动

在瑞典首都斯德哥尔摩繁华的市中心，熙熙攘攘的奥登普兰地铁站每天来往的乘客近 10 万人[1]，他们可能去上班、购物、看医生、开会、约见朋友……

进出奥登普兰地铁站也没有什么特别之处——可以走楼梯，也可以乘坐自动扶梯。2009 年的一天，大众汽车资助的一队技术人员趁着夜幕，在地铁站里实施了一项非同寻常的任务。当整座城市已经沉睡时，工程师们开始给地铁站的出口楼梯铺上新的黑白色地砖。随着黎明的到来，秘密任务终于完工了。

这个工程在技术层面和艺术层面都堪称杰作。出口处原本平淡无奇的楼梯被改造成一组巨大的钢琴键盘。

录像资料显示[2]，在改造之前，几乎所有行人都会直接搭乘自动扶梯出站，对旁边的楼梯熟视无睹。但就在钢琴楼梯出现的那一天，经过的男女老少都仔仔细细地打量着这个意想不到的新设计。

在面向全球企业的演讲中，我会利用一段影像资料展示奥登普兰地铁站的绝妙设计——大人、小孩甚至宠物狗在地铁口的楼梯上蹦蹦跳跳，踩出一连串的音符。看到这一幕，所有人都露出了笑容。人们牵着手走过钢琴楼梯，还有人在楼梯上创作起二重奏，拍摄视频，像是得到了爱不释手的新玩具，人群中时不时爆发出欢快的笑声。我会在影像资料中展示一份报告[3]，在安装了钢琴楼梯后，选择走楼梯的人增加了66%，大众汽车技术团队的预期实现了。该团队知道[4]，每天多走几步就能对健康产生积极的影响，钢琴楼梯的创意解决了这个问题。[①]

我之所以展示这段影像资料，并不是建议大家在家里或者办公室都装上钢琴楼梯，而是想以更生动的方式来展示影

---

① 全球9%的过早死亡与锻炼不足有关（I- Min Lee et al., "Effect of Physical Inactivity on Major Non-Communicable Diseases Worldwide: An Analysis of Burden of Disease and Life Expectancy," *The Lancet* 380, no. 9838 [2012]: 219 - 29, DOI:10.1016/S0140-6736(12)61031- 9）。

响行为转变的最大障碍以及时常被忽略的方法。

这个障碍很简单：做"正确的"事情在短期内往往让人没有满足感。你知道自己应该走楼梯，但是你累了，自动扶梯就在旁边，它在召唤你。你知道应该专注于工作中的重要任务，但是在社交应用上冲浪太爽了。你也想忍住不对烦人的同事发脾气，但是大声骂出来真的解气多了。你也想多花点儿时间复习功课，但是电视剧更新了真的太想看了。经济学家将这种选择即时满足而非长远回报的倾向称为"即时倾向"[5]，就是我们俗话说的"冲动"，这是一个普遍存在的问题。

显然，这也是我个人所面对的挑战。我与即时倾向的"恶战"自波士顿读研时就开始了。当时我发现自己没有时间锻炼，因为熬夜多写几行代码、复习考试就已经让我累得够呛了。虽然我明白，锻炼对身心健康大有助益，但上完一天课，还得换上运动服，吭吭哧哧走到健身房，尤其是在波士顿严酷的寒冬中，光是想想就让人打退堂鼓。

当时我不断跟未婚夫（现在的丈夫）发牢骚："我究竟要怎样才能把自己弄到健身房去？"终于有一天他不耐烦了，怒气冲冲，但总算说出了问题的关键："你是个工程师啊，你就不能给自己设计一个解决方案吗？"

就是很奇怪，那时我满脑子都是工程学问题，却从未以工科思维去研究这个挑战。在未婚夫的嘲讽中，我终于意识到这一点，开始思考去健身房的阻力，以期找到克服阻力的解决方案。其实，在这个挑战中，阻力显而易见：我知道自己应该做的事情——每天下课后去健身房——并不能带来即时满足感。因此，为了解决问题，我需要找到让这件事带来即时满足感的方法。

就是一勺糖

在迪士尼经典的奇幻歌舞电影《欢乐满人间》[6]中，朱莉·安德鲁斯出演了世界上最了不起的保姆——仙女玛丽。该影片 1964 年上映后广受好评，也给观众带去无尽欢乐。有些读者可能已经知道剧情了，在影片中，仙女玛丽来到人间，照顾两位古灵精怪却得不到足够重视的孩子。两个调皮的孩子曾让保姆一个接一个地离职，但是，玛丽凭着俏皮滑稽的举止、朗朗上口的歌谣赢得了孩子们的心。

不过，很多人可能不知道，朱莉·安德鲁斯一开始其实拒绝了仙女玛丽的角色，因为其中有首歌她不喜欢。华特·迪士尼一心想让安德鲁斯参演，于是请著名的作词家鲍勃·舍曼和理查德·舍曼兄弟尽快创作出更好听、更易记的作品。[7]

就在鲍勃寻找创作思路之时，惊喜出现了。有一天，他8岁的儿子放学回到家，说起当天在学校接种了脊髓灰质炎疫苗。鲍勃以为是打针，就问儿子疼不疼。儿子的回答激发了鲍勃的灵感，成就了那句脍炙人口的童谣歌词："哦，不，他们就是把药滴到了一块糖上。"

研究显示，一旦设立了长期目标，人们就极少会想到这个明智的方法——让追求目标的过程更具吸引力。人们在想要改变自己行为的时候，很少思考自己需要忍受的不适，或者尝试去减轻不适：决定养生，马上就去买了一堆健康食品——西兰花、胡萝卜、甘蓝、藜麦，根本不去想食材的味道；决定读一个在职学位，马上就报名上课，根本不考虑自己能不能坚持下去；还有，刚报了健身课，就直接上最难的器械。

在一项关于人们如何做出改变的研究中，2/3的受访者表示，他们通常会关注长期获得的好处，忽略短期痛苦。[8]仅有26%的受访者表示，他们会将追求改变的过程尽可能变得有趣。

原因很简单，长期益处往往是做出改变的动力，在运动、学习、储蓄、健康饮食等很多方面，如果不是看到了长期益处，很多人就不会有改变的念头。

但是，紧盯着未来的回报有可能是一种错误的思维。大量研究表明，人们往往把自律想得过于简单。正因如此，虽然健身房按次付费更便宜，但还是有很多人选择购买昂贵的会员。[9]虽然报名了网络课程，但很多人从未完成。[10]虽然为了节约每月零食开支买了家庭装薯片，但很多人每次吃得更多了。[11]大家总是误以为"未来的我"一定能够做出正确的选择，然而，"当下的我"却总是屈服于诱惑。

人总是非常擅长忽视自己的失败。即便总是三天打鱼，两天晒网，人们也很难从错误中总结经验，总是相信自己下次必定做得更好。虽然这会让我们有信心开启新的一天，但是未必有利于我们实现改变。

别误会，新起点确实能够让人积极追求新的目标，但是，如果不考虑在追求目标时遇到的阻碍，比如"即时倾向"，追求目标的过程可能就是不理智的。比如，在寒冬清晨 5 点起床跑步，这个想法本身就会让人倒吸一口凉气，即使是在新年到来的喜悦时分，它也没有任何吸引力。

有鉴于此，心理学家阿耶莱·费斯巴赫和凯特琳·伍利猜想，如果不高估自己的意志力，人们就有可能实现一些艰难的目标。他们预测，如果在追求长远目标的过程中，人们尽可能让当下的任务更快乐，就像在吃药的时候配一块糖，那么他们最终成功的概率会更大。

在一项研究中，阿耶莱和凯特琳鼓励实验参与者多吃健康食品。[12] 在另一项研究中，他们鼓励实验参与者多运动。[13] 在两项实验中，部分实验参与者（随机指定）被提示可以选择自己最喜欢的健康食品或运动项目，其他参与者则被鼓励选择可能让他们受益最大的食品或运动（这也是一般人的选择）。

两人发现，鼓励人们在追求健康的过程中找到乐趣，这大大提升了人们改善健康的效果，做出这种选择的参与者可以长期保持运动，食用的健康食品也更多了。这项发现与奥登普兰地铁站的楼梯项目有异曲同工之妙。有一点值得注意，虽然结果是意料之中的，但是与很多人提及的实现自己目标的方式截然相反——我们总是高估自己在面对艰难任务时的自控力和行动力。

与其相信自己一定能迎难而上，不如大胆承认某些事在当下确实令人不快。如果能找到提升乐趣的方式，我们就更有可能取得进步。

仙女玛丽在歌中告诉我们，"一勺糖就能让吃药变简单"，另一句歌词也精妙地总结出阿耶莱和凯特琳的研究结果："每一项任务，都潜藏着乐趣，快去找出乐趣，任务就是个游戏。"这首歌之所以脍炙人口，部分原因在于它说的就是很朴素的道理。可以问一下照看过小孩子的人，告诉小孩子完成任务的长期益处，他们能听进去吗？如果一件事看起来无聊，那么小孩子根本不会去做。

虽然在延迟满足方面，成年人的大脑比儿童发育得更成熟，但是人的本性难以改变，只是我们不愿意承认罢了。[14]

可惜我在读研期间面对身体锻炼的难题时，阿耶莱和凯特琳还没有进行这项重要研究，因此，我无法借助他们的发现来解决我的难题。不过未婚夫的建议倒是让我想到相似的解决办法——最终让我成功地走出很多关于自控力的困境（也不仅仅是我个人的困境），它与仙女玛丽以及阿耶莱和凯特琳的研究不谋而合。

第二章 冲动

诱惑捆绑

研一期间，除了懒得去健身房，我还面临另外一个挑战。当时我根本不愿意面对个人问题，每天上完课后精疲力竭，回到家就蜷缩在沙发上看小说，尤其是詹姆斯·帕特森、J.K. 罗琳等作家的畅销小说。我沉溺于小说的世界无法自拔。

显然，看小说不应该占据那么多时间，因为我还想申请工程学的博士学位，那可是需要下苦功的。到了研究生第二学期中期，我的学业真的快要亮红灯了。我查了查最难的一门计算机科学课程的成绩，眼看就要挂科了，这在以前我想都不敢想。这回我真的需要做出改变了。

未婚夫的"挑衅"让我有所顿悟，也许疏于锻炼和看小说的问题我可以同时解决，也就是只有在锻炼的时候我才能看自己最喜欢的小说。如果能够做到这一点，我就不会在应该学习的时候还沉浸在小说里了，而且我会积极去健身房锻炼，这样我才能知道小说的下一章到底讲了什么。不仅如此，我也会更加享受这两件事，因为在读小说时，我不用内疚自己没有把时间花在学习上，我的锻炼过程也会因此轻松很多。

我进一步探究了这个想法，发现利用相似的技巧还能解决其他自控力问题。突然，我发现生活中处处都有一石二鸟的解决问题的机会。比如，我喜欢去美甲，但是每次都很费时间。现在，我选择在有阅读任务时去美甲，资料读完了，指甲也做好了。再比如，我最喜欢看网飞剧集，现在我一定会留到叠衣服、做饭、洗碗时边做边看。几年后，在大学教授的工作中，我发现自己去汉堡店的时间其实可以用于辅导学业上有困难的学生，于是，我要求自己只在辅导学生时才去汉堡店。这样，我的垃圾食品摄入量减少了，辅导学生的时间增加了。这个策略又叫"诱惑捆绑"，被我长期运用到各种事情上。

作为行为科学领域的新人，我想知道诱惑捆绑是否对其他人也有效。我当时在沃顿商学院担任助理教授，专门设计了一个实验来测试诱惑捆绑的效果。

我办公室的街对面就是波特拉克健身中心——宾夕法尼亚大学的体育馆。为了以科学手段进行检验，我准备好资金，联系了合作研究者[1]，然后在宾夕法尼亚大学校园张贴

---

① 朱莉娅·明森与凯文·沃尔普与我合作开展了此项目。

布告，邀请大家报名：实验参与者希望增加去波特拉克健身中心的频率，在实验期间可以免费使用 iPod（苹果播放器），还可以获得 100 美元。实验参与者需要在学期开始时定期去健身中心，根据研究人员的指示完成一小时的锻炼，然后允许研究团队在之后的一学年中追踪他们到访健身中心的次数等数据。

不出所料，数百名学生和教职人员报名参加实验。既能获得 100 美元，还有人提醒自己健身，这不是一举两得的好事吗？

而且，当他们第一次出现在健身房时，我们还准备了惊喜。除了 100 美元，他们还可以获得小礼品，不过礼品的种类和使用方式有所不同。

我们在一部分参与者的 iPod 中预装了他们想看的 4 部小说的有声书（书目经过我们的筛选，都是些扣人心弦的作品，如《饥饿游戏》《达·芬奇密码》等）。这部分参与者在锻炼的时候可以听有声书的开头部分，到下次来健身房时才能听接下来的章节。他们的 iPod 会被锁在有监测设备的盒子里，确保他们只在锻炼的时候才能听有声书。实验的逻辑显而易见，我们希望通过有声书的诱惑吸引参与者到健身房多锻炼。

在对照组中，参与者也会被鼓励多做锻炼，而且要在实验开始的时候完成一套训练动作。不过他们获得的礼物是巴诺书店的礼品卡，如果想听有声书，他们可以自己去书店购买，下载到自己的 iPod 上。[①] 但是实验人员并没有给他们这项提示，所以后来很少有人去购买有声书。

实验结果与我们预想的一样，在诱惑捆绑的实验组中，参与者去健身房的次数更多了。[15] 在实验开始后的一星期，他们比对照组的运动量高出 55%，而且在之后的 7 周——也就是大学的感恩节假期到来之前，他们看到了实质性的好处，也就是说，诱惑捆绑确实有效果。

不过，实验中最有趣的是，我们发现了诱惑捆绑最大的受益者。那些最难保持健身习惯的人——在生活中事务缠身——在健身与有声书被捆绑之后，运动量的增幅最大。

虽然这项发现不在我们的预料之中，但是实验团队很快就洞悉了其中的逻辑。事实上，我正是在自己忙乱的生活中

---

① 回想一下，免费使用一部 iPod 是参加我们这个实验的先决条件。

找到了诱惑捆绑的方法，它让我在读研期间获益匪浅。[①] 日程安排越是繁杂越需要强大的诱惑去健身（或者完成其他想做的事）。仅仅依靠意志力对我们来说太不现实了，毕竟我们的精力有限，忙完一天的事情之后可能所剩无几了。

研究中也有一项发现令人失望。诱惑捆绑的有效性在 7 周之后开始消退，因为波特拉克健身中心在感恩节假期关闭了（一个破坏性的新起点）。这个发现也启发我去做下一个项目。我们的研究团队与软件公司 Audible 以及健身连锁品牌 24 小时健身房合作，开发了一个为期一个月的新项目，向数千名希望加强锻炼的健身房会员发出邀请。[②][16] 项目的部分参与者只是被简单鼓励多去锻炼（这是对照组）。其他参与者会获得免费的有声书下载资格，采用诱惑捆绑策略，实验人员会建议他们仅在锻炼的时候收听他们喜欢的有声书。

实验发现，通过免费下载有声书以及采用诱惑捆绑策略，参与者每周锻炼至少一次的概率增长了 7%。在实验结

---

① 我养成了经常健身的习惯，甚至对难度最高的课程也能集中注意力取得优异的成绩（因为家中的诱惑变少了），我看完了《哈利·波特》以及《亚历克斯·克洛斯》系列的大部分作品。

② 该团队的领导者是我出色的博士生埃丽卡·克耶高斯。

束后的 17 周里，参与者每周锻炼的概率也有提升（17 周之后停止搜集数据，积极影响的持续性也可能更长）。与之前实验中 55% 的提升幅度相比，这次的数据并没有非常惊人，但是这种介入手段能够生效仍然令人兴奋，因为它只包含一条简单的建议，参与者的行为并没有受到限制（在前一个实验中，参与者对 iPod 的使用受到了限制）。而且，实验进一步肯定了诱惑捆绑确实能够有效且持续地改变行为。

这项研究给我的启发是，如果把自己钟爱的事情与需要额外动力的事情紧密捆绑在一起（比如，只有在健身房才能听喜欢的有声书，在开车或者坐车的时候不能听），诱惑捆绑的效果当然最好。但是，仅仅是建议人们尝试诱惑捆绑策略，就足以带来持续的积极影响。

一项在佛罗里达州某高中进行的最新研究发现，将"诱惑"与常被拖延的有益行为捆绑在一起，不仅能增加我们坚持长期有益行为的概率，对短期坚持也有效果。很多教师担心，在诱惑捆绑策略中，学生可以吃零食、听音乐、涂涂画画，这有可能让他们在难度较高的数学作业上分心，但实际上，学生完成了更多的作业。[17]

当诱惑捆绑生效时，人们在实现目标的过程中不再感到害怕，也减少了沉溺于某事的时间。而且，这个策略的应用范围很广，比如，在生活中增加下厨的次数、健康饮食等等。

但是，不是所有的活动都可以被任意捆绑在一起。对我来说，回复邮件需要集中注意力，与听书、听广播、看电视捆绑在一起并不合适。一般来说，认知强度较高的任务不适合相互捆绑，体力强度较高的任务也不适合相互捆绑，比如，吃汉堡或喝酒不适合与运动捆绑在一起。这些复杂性意味着，当你追求改变时，诱惑捆绑策略并不总是能帮助你解决即时倾向问题，它只是一种可供参考的策略。

而且，它肯定不是万无一失的策略，因为它要求人们自律。如果动力不足，人们就可能在改变的过程中自我欺骗（直接松绑，单纯享受诱惑！）。那还有其他方法吗？

让工作更有趣

2012 年，苏黎世大学的年轻经济学者亚娜·加卢斯正在攻读博士学位，她对维基百科的问题产生了浓厚的兴趣。当时，维基百科作为最大的在线百科全书网站之一，拥有 280 多种语言版本、5 000 万词条，与此同时，优秀的词条编辑新人却不断流失。

维基百科的问题吸引了亚娜，因为网站内容的贡献者不拿工资，这些"维基百科人"无偿提供各类词条信息——从《权力的游戏》到"量子力学"，确保信息的准确性并且会及时更新。显然，网站面临的问题无法通过现金奖励来解决。

维基百科依赖志愿者，如果要研究金钱之外有什么其他手段能激励人们发挥潜能，那么这个组织提供了完美的实验环境。[18]经济学理论一般假定金钱至上，所以对经济学家来说，这个课题有些非同寻常。不过，亚娜自己的经历告诉她，人们关心的远不止金钱。对她来说，工作中的乐趣以及同事的认可比薪水有着更强大的驱动力。她希望通过自己的专业研究证明这一点。很多经济模型完全忽视了非货币因素的驱动力，反对这类模型的研究正在增加，亚娜也希望贡献自己的力量。维基百科通过志愿者发展出一片天地，它似乎是亚娜探索她的理论的理想场所。

这不仅是推进个人研究的时机，也是助力维基百科发展的契机。线上内容的编辑有时枯燥无比，志愿者很难持续参与其中，这是即时倾向的另一种体现，维基百科也没有找到解决之法。简言之，在没有即时回报的情况下，持续完成枯燥的任务非常痛苦。正如这一事实对我们试图实现个人目标来说是个挑战一样，它对组织也适用。组织需要完成的工作并不总能带来即时满足感。

亚娜希望深度认识维基百科的问题，她开始参加当地维基志愿者的圆桌会议。这些志愿者希望深度探讨专业领域和整个群体的问题，他们会在餐厅或博物馆定期举办正式聚会。没过多久，亚娜就和几位杰出的撰稿人成为朋友，了解了他们的编辑工作（一位是研究冰岛的专家，另一位是火车领域的专家），以及该群体中人才去留的挑战。随着对维基志愿者群体了解的加深，亚娜坚信，她能够以一个零成本的小改变减少人员流失。

她把想法告诉了维基圈子的新朋友，大家都觉得机会不容错过，她所在圈子的维基管理者立刻同意让她在 4 000 名新志愿者中进行实验。

亚娜将志愿者随机分成两组，一组志愿者会在工作之后得到荣誉认证，他们的姓名会被列入维基百科的获奖者名单。（维基百科根据志愿者的词条编辑频率以及发布信息的长期有效性来评选获奖者。[①]）除此之外，他们还会获得一至三颗星的标记，这些星星会出现在个人用户名旁边，贡献越大获得的星星越多。另一组志愿者在做出同等贡献的情况下不会获得这些象征性的奖励（也不知道这类奖励的存在）。

根据亚娜的假设，这些奖励会让枯燥的任务变得更像游戏。工作的性质没有变，只是增加了一些乐趣，并且出色的工作会受到表扬。

你可能已经猜到，这项实验获得了成功（不然我也不会在此处分享了），但你可能想象不到，它发挥了怎样巨大的作用。亚娜的实验结果令人震惊：获得荣誉的志愿者在之后的一个月里继续提供服务的可能性比对照组高出20%。[19]而且，令人惊讶的是，这种参与度上的差距持续存在了很久，在之后的一年中，前一组志愿者相较于对照组在维基百科上的活跃度高出13%。

亚娜的维基百科志愿者实验其实和"游戏化"相关[20]，

---

① 发布的内容如果错误很多，很快就会被其他志愿者修改，发布内容如果一直保持不变，一般就是高质量的内容。长期有效性高就是没有人质疑内容的准确性。

就是在非游戏性质的活动中增加游戏的元素，比如奖励、竞争机制、排行榜，提升该活动的趣味性，降低其枯燥程度。10 年前，"游戏化"曾被商业顾问大肆宣扬，他们鼓励企业利用该策略激励员工，不改变工作本身，而是改变工作的"包装"，让实现目标成为更加振奋人心的事情（"是的，我赢得了一颗星！"）。比如，思科公司开发了一项帮助员工培养社交媒体技能的项目，并将其游戏化，当学员在认证课程中达到不同级别时，他们会获得不同的徽章。[21] 微软也创建了专门的排行榜，将其全球产品的语言翻译工作游戏化。[22] 软件公司 SAP 创建了一个游戏，根据销售业绩给员工颁发徽章，并为业绩设立排行榜。[23]

乍一看，"游戏化"似乎很合理：让工作更有乐趣，企业何乐而不为？然而，我沃顿商学院的两位同事发现，作为一种自上而下的行为转变策略，"游戏化"很容易适得其反。和亚娜一样，伊桑·莫利克和南希·罗斯巴德对游戏化改变生产力的前景感到振奋。几年前，他们也招募了数百名销售人员进行实验。这些销售人员的工作有些无趣，主要是负责与当地企业接洽，邀请其入驻公司网站，在该平台销售产品或服务的优惠券。销售人员通过在网站上出售优惠券赚取佣金。

为了增加这项销售工作的趣味性，伊桑和南希与专业游戏设计师合作，开发了一项以篮球为主题的销售游戏。[24] 销售人员与客户达成交易后就会得分，交易数额越大，得分越多。热卖的订单被称为"上篮"，销售电话打通后遇冷被称为"跳投"。销售部门的办公墙上装有巨大的屏幕，上面是业绩最佳的员工的名字，有时候还会展示扣篮等篮球动画。员工会定期收到邮件，报告当前的"最佳球员"，当比赛结束时，最终赢家会获得一瓶香槟。

为了测试游戏化对员工业绩的影响，伊桑和南希指定一个销售楼层的员工参与这个项目，其余两个楼层的员工仍按照原来的模式工作，以此对比两类员工的表现。

两人对游戏化实验寄予厚望，结果却令人吃惊，游戏化并没有提升销售业绩，也没有改变员工对工作的感受。[25] 不过，通过对数据的深度分析，他们有了新发现。

两位研究者向"游戏化"小组中的参与者提问，确定他们是否进入游戏状态，能否跟上游戏节奏，是否理解游戏规则，是否认为游戏公平。设计这些问题[26]是为了确定销售人员是否进入了"游戏魔圈"[27]，这个术语用来描述人们同意受游戏规则的约束，它不是指导人们日常互动的常规规则。[1]如果没有进入，游戏就没有意义了。我和小儿子在玩大富翁游戏时，他就没有进入"游戏魔圈"，而是直接从银行里偷了所有的钱。也就是说，这个游戏对他来说其实没什么乐趣，得分没有意义，也不存在任何挑战。

伊桑和南希在研究中也发现了同样的道理。有些销售人员觉得篮球游戏就是搞些花里胡哨的东西，因此不想遵守游戏规则，甚至在工作被游戏化之后他们感觉更糟糕了，销售业绩也略有下降。[2]只有那些进入游戏状态的员工，游戏化才能让其有所收益（在工作中劲头更足）。

伊桑和南希认为，他们的实验凸显了企业在游戏化进程中的一个常见错误。如果员工感觉自己被迫参加了"强制性的趣味活动"，游戏化策略就无法奏效。如果游戏很无聊（设计有趣的游戏可是一门艺术），它基本上就不会有任何作用。这就好比在诱惑捆绑策略中把健身和无聊的讲座捆绑在一起。

---

[1] 这一概念由荷兰历史学家约翰·赫伊津哈于1938年提出，在埃里克·齐默尔曼和凯蒂·萨伦2003年关于游戏设计以及游戏化的著作《游戏规则》（*Rules of Play*）中得到普及。

[2] 此处"销售业绩也略有下降"，即销售业绩平均值下降，但并不确定是显著下降还是统计学意义上的偏差。

主动接受游戏化效果如何？

伊桑·莫利克和南希·罗斯巴德的实验不尽如人意，但这并不代表游戏化无法获得成功。游戏化如果利用得当，就可以将追求目标的过程变得更有趣，也能提升实现目标的可行性。关键在于游戏参与者的主动性，如果他们主动接受游戏，惊人的结果最终就会出现。

在我的播客节目中，南希·斯特拉尔讲述了游戏化改变她的人生的经历。[28]2008 年，南希遭遇了人生中的巨变。那一天，她刚送完丈夫和孩子去机场，突然觉得一阵恶心难受。一开始南希以为是食物中毒，但是身体越来越不舒服。随即她去了医院——原来是中风。第二天醒来后，医生告知南希，她的身体左侧偏瘫，很难完全恢复，她可能无法行走了。

当然，还有一线希望。南希决定竭尽全力重新站起来，她还想在儿子的婚礼上跳舞，她还想照顾未来的孙子孙女。不过，她也得知，要想恢复行动能力，她需要长期坚持做高强度的康复训练。

决心满满的南希马上参加了住院部每天 5 小时的康复训练。但是住院结束后呢？那就要靠她自己来坚持各种锻炼了。康复师可以给她提供各种工具，但她需要敦促自己完成训练，这个过程不但充满挑战，也很无聊。此类康复项目的落实情况往往不好，这也是情理之中的事。总之，南希通过上述方案在家实现完全康复的可能性很小。

在寻找出路的过程中，南希参加了一个测试新型康复项目有效性的临床试验，其中就包含了电子游戏元素。在项目中，南希的锻炼项目和"康复系列激流勇进"——一项与漂流有关的电子游戏——融合在一起。每天，南希都会坐到虚拟的皮艇中，划动船桨，屏幕上会显示她在河流中穿行，有时候她需要捡瓶子，有时候她会发现宝箱，有时候她要穿过湍急的水流。通过游戏第一关之后，第二关的难度会增加。南希很快就被游戏吸引了，这个过程不但有趣，而且让她的身体有了好转的迹象。南希就这么边玩边锻炼，突然有一天，她竟然能自己去开灯了，这是中风之后的第一次大转变。

南希的康复结果让人惊喜。她恢复了行走和驾车的能力，甚至还能在家附近的湖中划船。医生告知她无法行走的消息也才过去几年，她就在儿子的婚礼上迈开了舞步。

南希在中风之后曾无比害怕自己会永远失去独立行动的能力，但现在，一切都恢复正常了。在她看来，游戏化的过程正是她康复的原因。

南希的故事并不是个例。科学数据显示，人们在主动选择游戏化方式实现自己想要完成的事情时，游戏化确实能够提升实现目标的可能性。实验人员曾在马萨诸塞州进行了为期 12 周的实验[29]，鼓励当地家庭加强体育锻炼。实验对部分家庭的锻炼进行了游戏化处理，每个家庭需要设立每日步数目标，然后会收到是否实现目标的反馈（实验参与者都佩戴了电子跟踪器）。在经过游戏化处理的组别中，步数达到一定程度的家庭会获得积分，积分达到一定水平就会进入游戏的下一个级别，在游戏结束前达到最高级别的家庭可以获得一个马克杯。

虽然最终的"大奖"仅具有象征意义（马克杯是好看，但除了喝咖啡也没啥用），游戏化方式还是带来了显著的积极影响。在游戏期间，甚至在游戏结束之后的 12 周，游戏化组别家庭的锻炼总量远远超过了另一组。"激流勇进"让南希·斯特拉尔在康复中找到了更多乐趣，同理，游戏化也让普通的锻炼更有趣，人们更愿意去做，而且养成了更积极的锻炼习惯，这种效果还能延续。

更重要的一点是，所有参与者都是自愿参加项目的，他们愿意进入"游戏魔圈"。显然，仙女玛丽的帮助要发挥作用，人们必须先有自助意识。

人们可以为自己的成功做好准备，但也有一个棘手的问题，如果管理层不能确保员工主动接受游戏化项目，那么我们还怎么利用这一策略呢？一种低风险的方式就是，尽可能创造赏心悦目、活泼有趣的工作环境——员工基本上不可能拒绝。谷歌就创造了极具开拓意义的办公环境，并被广泛效仿，我在 2012 年实地参观时也大吃一惊。公司为员工配备的一切堪比豪华度假酒店——免费供应的美食、乒乓球桌、健身房、游泳池、排球场、免费 T 恤等等。科技公司 Asana 会给员工提供 1 万美元的津贴，专门用于布置办公区域。[30] 狗粮公司 The Farmer's Dog 专门"雇用"狗狗，为员工创造温馨而愉悦的办公环境（这些狗狗还有官方职称，比如首席鼓励官、娱乐时光主管等）。[31] 此类案例数不胜数，富有创新精神的企业正在不断利用仙女玛丽的方法让员工在工作中获得更大的乐趣。在新冠肺炎疫情防控期间，大部分美国员工开始居家办公，企业甚至找到了提升居家办公乐趣的方法。美捷步等公司举办的"虚拟欢乐时光"[32] 大受欢迎，还有一些公司会为线上会议设置有趣的名字。

有些员工可能已经意识到游戏化的作用，但是我想，很多人更好奇的是：为什么我们时常无法利用仙女玛丽的方法？要实现这一点，我们必须承认，在大部分时间，对自己有益的事情并不是我们喜欢做的事情。也就是说，改变的最大阻碍往往是我们在做自己应该做的事情时产生的短暂痛感和不便。最典型的情况就是，人们在追求宏伟的目标时总要对抗强大的诱惑。

当然，通过学生时期的经历我也发现，把詹姆斯·帕特森的小说与锻炼联系在一起就能带来改变。只要动点儿心思，跳出固有的思维，即时满足就能为我们所用。科学研究不断证明，不要依靠意志力去抵抗诱惑，要想办法让有益行为在短期内带来愉悦的结果。在追求目标的过程中，最终的"胜利"不足以让人时刻保持动力。在仙女玛丽的方法中，在追求目标时让人容易分心的趣事被转化为做正确事情的诱惑——突然，去健身房有了动力，专注工作有了动力，健康饮食有了动力，刻苦学习有了动力。这种欲望就是做出改变的强大驱动力。

第二章 冲动

− 本章小结 −

- 即时倾向（俗称"冲动"），即人们倾向于关注眼前的诱惑而忽视长期回报，是做出改变的重大阻碍。

- 仙女玛丽的方法很妙。追求目标的过程一旦被加入"有趣的元素"，加入即时满足感，即时倾向就可以被克服。

- 诱惑捆绑就是把自己经常会拖延的有益活动（比如锻炼）与容易沉溺其中的娱乐活动（比如刷剧）捆绑在一起，只有完成了前者才能进行后者。

- 诱惑捆绑同时解决了两个问题：减少了沉迷诱惑的时间，增加了长期有益行为的投入时间。

- 在追求目标时，游戏化是带来即时满足的另一种方法，也就是通过增加游戏特征，比如，提升竞争性、设立排行榜等，让一件事情变得更吸引人、更有趣。

- 游戏化只有在参与者"主动接受"游戏时才能发挥作用。如果参与者对"游戏"有强加于己的感受，该策略的效果就会适得其反。

How to
Change

第 三 章

拖 延

2002 年，奥马尔·安达亚[1]在菲律宾的格林银行（Green Bank）担任总裁，该银行是该国规模最大的零售银行之一。他面对的挑战与所有银行高管一样——客户存款不足。

几年前，父亲病重退休，奥马尔在接管银行的时候就意识到这个问题。让他困扰的关键问题有两个：第一，存款不足会给个人带来严重后果——医疗保健受限，教育投入不足，最终也会影响个人收入水平；第二，客户存款低对银行的财务状况不利。因此，解决这一问题等于一石二鸟。他冥思苦想，希望找到解决方案。

不过，让人们多存钱真是难上加难。即使在经济更发达的美国，2015 年也有 1/3 的家庭没有存款[2]，41% 的家庭没有能力支付 2 000 美元的意外花销[3]。在奥马尔接管银行的时候，

31% 的菲律宾家庭处于贫困线以下。[4] 奥马尔并不畏惧困难，但他不确定应该怎么做。

2002 年，一位朋友帮奥马尔联系了 3 位研究发展中经济体的学者纳瓦·阿什拉夫、迪安·卡兰和韦斯利·尹。他们提出了提高格林银行客户存款率的方案。[①] 奥马尔振奋不已。[5]

只是还有个小问题，很多人听完方案后，都觉得不靠谱。

学者们告诉奥马尔，应该给客户提供"锁定"账户来存钱——这个想法已经通过焦点小组的讨论进行了完善。[6] 此类账户与格林银行的其他账户基本上一样，利率相同，但是，除非到了规定日期或者余额达到一定数额，否则客户不得取款。

每年，我都会在沃顿商学院 150 人的 MBA（工商管理硕士）大课堂上分享奥马尔的故事。每每说到这个提议，气氛总是很快热络起来，大家开始争论其优缺点。经济学专业的学生很震惊，没有激励措施，比如高利率，人们怎么可能愿意把钱存入定期账户？在他们看来，此类账户听

---

① 玛丽·凯·古格蒂参与了项目的构思，但后来退出了团队。

着就离谱，摆明了就是在坑骗人们辛辛苦苦挣的钱。确实，锁定账户忽略了一个基本的经济学原则，人们更喜欢灵活和自由，而不是限制和惩罚。

格林银行的很多同事也有同样的担忧。但是，奥马尔迫切需要尝试些新方案，而且他在这个看似荒谬的提议中看到了心理学的力量。沃顿商学院 MBA 课堂的另一部分学生也注意到了，于是，每一年学生们都会就此产生激烈的争论。2003 年，奥马尔和银行同事经过多轮讨论，最终决定在小范围内尝试锁定账户，控制风险。3 位专家会向数百位客户推荐新型账户，看看结果如何。

应对拖延

奥马尔正在进行新型账户实验的时候，大洋彼岸麻省理工学院行为科学家丹·艾瑞里正在为一个相似的问题苦恼。他想不明白，为什么学生总是拖延完成作业。这些学生都是天之骄子，却被各种诱惑牵着走——约会、参加学生活动、滑雪旅行，他们的课业越落越多。[7]他想，如果学生们能够加把劲儿，每次做作业都专心一点儿，而不是在截止日期前赶工完成，他们肯定能学得更好。作为大学教授，我对此感同身受。很多学生天资聪颖，却因为无法保持专注，不能按时完成课业，给自己徒添烦恼。

学生们的行为让丹感到不解，他决定与同事克劳斯·韦滕布罗赫进行一些实验，以便更好地理解学生的行为。两人预感到，实验结果可能有助于学生克服拖延的坏习惯，也能够帮助他们应对拖延的诱惑，实现自己的目标。

丹和克劳斯首先展开了一项涵盖麻省理工学院99名学生的实验[8]，这批学生即将开始为期14周的由丹主讲的课程。每个学生需要提交3篇小论文才能完成这门课程。一半的学生被告知每篇论文的截止日期，它们平均分布于课程期间。还有一半的学生只需要在课程结束前保证3篇论文都提交了就可以。不过，这部分学生也可以自己设定每次提交论文的截止日期，如果在该日期前没有提交，每拖延一天他们就会被扣一天的分。

注意，和格林银行的锁定账户相似，在有惩罚机制的条件下自愿选择截止日期也违背了基本的经济学原理——人们更喜欢自由。正是因为人们对灵活性的偏好，航空公司才会在可改签的机票上加收一大笔钱，餐厅才会给自助午餐而不是推荐菜单定更高的价格，银行才会给固定取款日期的定额存款提供高于活期账户的利率。

但是，在丹的实验中，学生要为缺乏灵活性的条件付出代价。从典型的经济学思维出发，学生的最佳策略就是拒绝设定每篇论文的截止日期，选择更灵活的时间完成论文。这也为他们完成其他课程的作业或者处理其他事情提供了更大的灵活性。

可是，68%的学生选择了有限制的作业机制，他们希望有截止日期。

每当我和MBA课堂的学生分享上述案例时，大家很快就会掀起一场类似于格林银行案例的辩论。许多学生认为，丹的数据表明，麻省理工学院的学生可能不太聪明，他们竟然自愿选择有惩罚措施的截止日期，真是大错特错。在学校各门课程的作业截止日期轮番轰炸的情况下，学生更应该珍惜回旋余地。但是，也有部分MBA课堂的学生坚定地持反方立场。他们提出时间管理问题，认为具有约束力的截止日期可以让课业负担分布得更加均匀（而不是到了期末才发现根本赶不完作业）。

当我向学生解释丹的研究发现其实并不是偶然时，辩论就更加激烈了。在菲律宾格林银行，被 3 位学者推荐锁定账户的客户有 28% 选择了该产品，而不是选择其他产品或者放弃开户。[9]（28% 并不是一个压倒性的比例，但是如果刚开始的预期是零，我们在看到这个数字时还是会感到惊讶吧。）

在我的课堂上，那些刻苦钻研经济学多年的学生在看到这个结果时也百思不得其解。他们觉得，在没有高利率的情况下自愿将钱存入定期账户太离谱了，主动要求设置有惩罚机制的截止日期太离谱了。人们不可能在没有补偿的情况下放弃回旋余地或自由！这不仅是经济学的核心原则，也是政治决策和市场战略的基石啊！（游艇和度假村标榜全包服务、随心吃喝可不是随机决定的。）另外，这也应该是常识吧。

可能是，也可能不是。上一章讨论了冲动为何会阻碍人们实现目标，我提出的解决方案是将有益的行为和趣事结合起来，使冲动变成有利条件。但是，在克服拖延的时候，诱惑捆绑只是一种方案，另一种方案就是惩罚措施。也就是说，人们可以及早预测诱惑的出现，然后采取措施，防止自己被冲动情绪控制。这恰恰诠释了格林银行客户和丹·艾瑞里的学生的行为：通过主动选择限制条件——前者是限制提取存款的时间，后者是限制可拖延的时长——降低屈服于诱惑的可能性，这样能更好地实现长期目标。

给自己"上绑"

格林银行的锁定账户措施可不是凭空想象出来的。在历史的长河中，在神话传说中，利用相似方法抵制诱惑的故事俯拾即是。在著名的《奥德赛》[10]中，奥德修斯让船员将自己绑在船只的桅杆上，防止自己被海妖塞壬的歌声诱惑因而偏航。[①]我最喜欢的案例来自法国作家维克多·雨果。在《巴黎圣母院》的初稿写作期间，因为热衷于名流社交生活，他一直拖延着没有写作。为了在出版商的收稿日期前完成任务，雨果把所有衣服都锁了起来，只留一条遮身的披肩，让自己没法出门。[11]在把自己强制留在家里之后，他终于能专

---

① 在奥德修斯的冒险旅途中，他担心自己和其他船员会因听到海妖塞壬甜美的歌声而被诱惑，偏航驶向死亡之岛，于是他让船员把他绑在桅杆上，让大家用蜡塞住耳朵，这样就没有人屈服于海妖的诱惑了。

心写作了，就这样，他按时完成了书稿。

100 多年后，学术界对人们自我约束的行为产生了兴趣。1995 年，经济学家罗伯特·斯特罗茨指出，有些人（例如雨果）会做出奇怪的事情防止自己沉溺于损害人生目标的冲动行为，比如开设"圣诞节账户"往里面存钱，只能在圣诞节的前一天取出，或者强迫自己结婚"安定下来"（注意，这是一篇 20 世纪 50 年代发表的论文）。[12]

罗伯特·斯特罗茨的文章反响热烈。经济学家开始认识到这种异类观点——有时人们可以放弃灵活性或自由，因为他们知道这样有助于抵抗诱惑。斯特罗茨的弟子（包括后来获得诺贝尔经济学奖的托马斯·谢林、理查德·塞勒）开始详细研究这类策略[13]，并将其命名为"承诺机制"[14]。

当一个人为了更大的目标做出降低自己自由度的行为时，他就是在利用承诺机制。[15] 比如，一份没有强制提交日期的报告，你告诉上司自己会在特定时间点提交，这就是利用承诺机制让自己完成工作。还有那种经典的陶瓷小猪储钱罐，你只有打破它才能拿到里面的钱，这种稍稍增加取钱难度的设计也是一种承诺机制。把餐具换成小号的以限制自己的食量，也是承诺机制。下载应用限制自己使用智能手机的时间，也是在利用承诺机制避免电子设备成瘾。[16] 在更极端的案例中，有人主动把自己的名字录入戒赌名单（美国某些州的措施），一旦进入赌场就会被逮捕，这就是利用承诺机制让自己不再赌博。[17]

当然，阻止冲动行为的限制措施随处可见：限速条令、禁毒法令、禁止在驾驶过程中发信息的规定、作业截止日期等等。但是，这类限制一般都由抱有良好初衷的第三方来实施，比如政府或教师。承诺机制奇怪的地方在于，它是人们对自己施加的限制——就像给自己戴上手铐。

通过以上的讨论，大家可能已经预测到，承诺机制有时确实很有用。不过，我还没有为此类策略找到充足的证据，因此，我们回到格林银行的锁定账户案例和丹·艾瑞里的课堂案例中。

在奥马尔·安达亚的案例中，提出锁定账户的经济学家通过精心设计的研究分析了此类账户的效果。[18] 他们将格林银行当前或曾经的 1 300 名客户分成两组，第一组 800 人，他们收到银行邀请开设锁定账户。第二组为对照组，有 500 名客户，他们未收到邀请。研究人员在之后的一年里追踪了两组客户的账户余额（无论他们是否开设了锁定账户），看看选择锁定账户是否会影响他们的储蓄额。

当最终结果出来的时候，研究负责人之一迪安·卡兰表示自己很震惊。[19]与对照组相比，被推荐了锁定账户的客户群体存款高出80%。也就是说，假设对照组客户这一年的平均存款为100美元，那么锁定账户组客户平均存款为180美元。这是很大的差距！而且，在锁定账户组中，虽然所有人都被推荐了该账户，但实际开户的比例是28%。那些最终开设账户的客户存款额其实非常高，大大拉高了整组的平均存款额。

看来，这个颠覆性的思路是有效的，它确实能够帮助人们实现储蓄目标。[①]那丹·艾瑞里的实验又如何？

丹和克劳斯之后又做了一次实验。[20]这一次，他们以麻省理工学院60名学生为样本，对比在单一截止日期条件下和在自选截止日期（迟交有惩罚措施）条件下学生的表现。[②]

---

① 值得注意的是，另一实验组的客户只是被提示设定目标，在没有锁定账户的情况下被鼓励增加储蓄。他们的最终储蓄额也有增加，但是增幅是锁定账户储蓄额的1/3。

② 前文提到丹和克劳斯的一项实验有不同的设计——前面对比的是截止日期平均分布的学生和自设截止日期的学生。

结果显示，在作业的错误率方面，自选截止日期的学生比单一截止日期的学生低 50%。实验证明，自我设定截止日期非常有效，与锁定账户一样具有积极影响。

时至今日，我依然觉得这些实验的成果非常惊人。有的学生坚持认为，理性的头脑不可能采用承诺机制，哪怕从中受益也不可能，我特别愿意与他们分享这些实验结果。

数据不会骗人。即使承诺机制和经济学理论的某条黄金法则有冲突，那也不失为可喜的意外收获。承诺机制锁定了人们在头脑清醒时做出的决定而不是其他一时兴起的选择，它能避免人们在无法抗拒诱惑的时候做出战胜人性的行为。

这听起来不错，但是还有人会心存疑虑，如果银行没有锁定账户的服务呢（确实很少有银行提供）？还有，每个长远目标都能建立承诺机制吗？即使你是创业人士，要在某个日期前完成工作，但是就算你完不成，也没有老师来落实惩罚措施。即使想多锻炼，你也没有实验人员跑到健身房去给你弄有声书。[21] 对于大部分的长远目标，想要找到建立承诺机制的简单方法确实很合理。

幸好，方法确实存在。

现金承诺机制

想象一下，你去餐厅吃饭，服务生给邻桌端上来一个超大的汉堡，满满都是料——生菜、番茄、洋葱、培根……闻起来让人咽口水。你难道不想点一个吗？

你刚刚承诺过要健康饮食，这时候的你能抵抗诱惑吗？

每年，沃顿商学院的客座讲师乔丹·戈德堡都会在课堂上向学生提出上述问题。[22] 乔丹是 stickK 公司的联合创始人，在上一章，恒辰、贾森和我就利用了该公司的数据来分析人们是否更愿意在某个新时机设定目标。[23]

每当乔丹提出汉堡问题时，课堂上总是充满了窃窃私语之声。我的学生都觉得他们有意志力抵抗诱惑，但是大多数人也十分了解自己，他们承认最终还是会点一个汉堡。

接下来，乔丹又问：“如果你知道自己吃了汉堡就会欠别人 500 美元，那么你会不会在屈服于诱惑之前认真考虑一会儿？”

大家点了点头，我也点了点头。这个决定大家没有争议。

通过上述问题，乔丹向学生们介绍了一种不太常见的承诺机制——人们在不遵守承诺的时候要付出经济成本，我称其为"现金承诺机制"。有些公司已经开始向消费者提供此类服务。迄今为止，成千上万人已经尝试了现金承诺机制，效果还不错。你先设定一个目标，然后选择一个人（或者技术软件）来追踪进展，同时拿出一定数额的钱，如果没有完成目标，你就要把钱交给第三方（可以是个人，也可以是慈善组织，而且一定要确保这个结果会让你难受，比如，选择自己讨厌的慈善组织作为收款方）。另外，这个"赌注"可大可小，不过较高的数额往往会带来较高的成功率。

如果想让自己多去教堂，你就找一名可靠的教会负责人作为监督人，如果没有按时去教堂，就要损失一些钱。如果想让自己少和品位差的人约会，就让可靠的朋友监督你，一旦违背原则，你就要付出经济代价。[①]

不久前，我采访了作家、技术企业家尼克·温特，他就用现金承诺机制改变了自己的人生轨迹。[24]2012年，26岁的

---

① 诚然，有些品位差的人可能也不好识别，因为他们很会伪装。

尼克正在从事软件编程工作，但是他觉得还没有过上自己期待的生活。[25] 闷闷不乐的他问自己："我要怎样才能过得更充实？什么事情会让我振奋？我到底想要什么样的生活方式？"

在思索这些问题的时候，他意识到自己每天的生活缺少了一些刺激。没错，他确实喜欢写代码，工作也很有成就感，但是，最近让他最兴奋的事情还是去健身房。尼克的第二个觉悟就是，自己的艺术天赋没有得到充分利用，他想做更有创意的事情。

醒悟之后，尼克决定改变自己，尝试各种冒险活动，如跳伞、学习滑板和清醒梦、提升5公里跑的速度，还有很多很多，他还要写一本关于改变自己的书。他给自己3个月的时间完成这些事。

不过，尼克可没有沉浸在幻想中。他意识到，在短时间内完成人生的重大转变并不容易，仅仅是向朋友们宣布自己的计划已经无法起到督促作用（当然他也宣布了，如果没有任何进展，他会感到惭愧）。尼克知道，要实现目标必须把代价设得更高。无意间，他得知有家公司的一种合同服务能够发挥作用，他很感兴趣。事情是这样的：如果不能在 3 个月内完成书稿，不去跳伞，他就要支付巨额罚款 1.4 万美元。①

对亿万富翁来说，1.4 万美元可能不算什么，但是尼克不是有钱人，那几乎相当于他的全部积蓄。所以，他最好还是写书和跳伞吧。

在这个机制的激励下，尼克在 3 个月内完成了关于自己冒险人生的书《黑客的动机》[26]（还挺受欢迎），而且和女朋友去跳了伞。他一直以来都恐高，第二个成就可能让他感到更骄傲。

我很喜欢尼克的经历，它恰恰证明，现金承诺机制既简单又有效。同时，故事也凸显了现金承诺机制看似矛盾的特征。一方面，当利用现金承诺机制的时候，我们已经打破了偏好自由的经济学定律。但另一方面，这一机制又依赖于经济学的另一个定律——想要遏制某种行为，我们可以增加其经济代价或者实施限制措施。很多政策措施都体现了这一经济学原理，比如征收烟酒税、禁止销售大麻等等。

---

① 如果他仅完成其中一项，罚款就是 7 000 美元。

与其他激励机制一样，现金承诺机制非常实用，适用于很多情况。你不需要专门的应用锁定手机，也不用要求某家赌场录入信息限制你进入。你只需要把钱准备好，然后找一个人（或者工具）来监督自己的进展就可以了。

当然，现金承诺机制对某些人来说太奇怪了。这就相当于人们主动要求对自己罚款！虽然听起来有违直觉，但它确实有效。有一项针对 2 000 名吸烟者的实验[27]，该实验利用现金承诺机制确实推动了戒烟行为（在实验中，吸烟者可以选择将钱存入特定账户，6 个月后尼古丁水平尿检符合条件才能拿回）。决定使用现金承诺机制的吸烟者如果不戒烟，他们就要把每月收入的 20% 存入账户，每两周存一次。最后，相较于不使用现金承诺机制的组别，承受经济损失风险的吸烟者戒烟成功率高出 30%。类似的现金承诺机制[28]也让很多健身人士增加了锻炼频率，提升了节食者的减重幅度[29]，扩大了家庭采购健康食品的比例[30]。

推广现金承诺机制的挑战不是证明其有效性，而是要让人们适应这种有些奇怪的逻辑。大家的犹豫非常合理。可能你没有心理准备，不想在自己未能达成目标的时候遭受惩罚。而且，有这种想法的人不在少数。比如，只有 11% 的吸烟者愿意拿出现金作为"赌注"，敦促自己戒除烟瘾。①

这背后的原因多种多样。首先，不是人人都想改变。其次，即使你确实想做出改变，有时成败也是不可控的。比如，家里出了急事，导致你的健身计划中断，如果此时还选择现金承诺机制，那就不仅仅是要应对家庭事故的创痛，你还要遭受经济损失。也许这种可能性超出了你的承受能力。那么还有别的方法吗？

承诺以及其他软性承诺机制

假设你是一名医生，工作繁忙，有一天有个患者过来，嘟嘟囔囔说自己喉咙疼，鼻塞，不停地咳嗽。显然，对方就是想让你开些药让她赶紧好起来。作为医生，你当然义不容辞。

患者表示想吃抗生素，但是你看得出来，她的症状应该

---

① 与格林银行的研究相似，虽然这类戒烟者人数少，但是他们戒烟成功率很高，因此拉高了该组的成功率。

是重感冒，不是细菌感染，比如链球菌性喉炎或者肺炎。虽然有可能是细菌感染，抗生素可能管用，但是目前来看可能性不大。除了用药不对症，你还要考虑一下抗生素比较贵，而且有时候会产生皮疹、腹泻和呕吐等副作用。另外，抗生素吃得越多，细菌的耐药性越强，这将使未来的感染更难以治疗。

现在，你面临艰难的抉择，是保持理性，拒绝患者的要求？还是违背行医准则，给患者想吃的药，哪怕科学证据表明吃了药病情也不一定好转？

人们总是愿意相信医生永远不会犯错，但是研究显示，很多医生在上述场景中往往会屈服，会向患者提供他们想要的药物。事实上，美国成年人每年会接受大约 4 100 万非必要的抗生素处方，费用超过 10 亿美元（这还只是药品的费用）。[31]

在发现上述问题后，一支由医生和行为科学家组成的团队认为，承诺机制应该是一种解决方案。[①]

---

① 该团队包括丹妮拉·米克、塔拉·奈特、马克·弗里德伯格、杰弗里·林德、诺厄·戈尔茨坦、克雷格·福克斯、艾伦·罗特费尔德、吉列尔莫·迪亚兹和贾森·德克特。

一般来说，当在工作中需要追求某个特定目标时（比如，在面对苛刻的患者时依然坚持自己的抉择），人们可能会在大脑中反复思考，说服自己努力实现目标，可能还会和密友、家人或同事讨论，但准备工作通常到此为止。

　　研究人员发现了这一点，觉得可以从这方面出发，减少不必要的抗生素使用。他们设计了一个措施，目的是让医生在患者提出强烈要求时能够谨慎思考一会儿。研究人员让医生们签署了正式的承诺书，承诺他们在非必要的情况下不开抗生素药物，然后将承诺书放在候诊室里公开展示。[32]

　　这个方案背后的心理学原理为：当签署承诺书并将其挂到墙上时，你就为开非必要的抗生素药物制造了心理成本。每当想要开抗生素时，你的大脑就会敲响警钟——你正在打破自己的承诺。毕竟，墙上的承诺书赫然写着你的签名，你的承诺清晰可见。总而言之，开出非必要处方药的"成本"上升了。

　　研究团队说服了洛杉矶5家基础医疗诊所的管理人员，在诊所中进行测试。部分医生被要求签署承诺书——"在抗生素药物治疗效果弊大于利的时候拒绝开药"，承诺书要贴在候诊室里。其他医生（作为"对照组"）不需要执行这一要求。

在研究过程中，大约有 1 000 名来就诊的患者表示有严重的感冒症状。研究人员发现，与对照组相比，在签署并张贴了承诺书的医生组别中，非必要用药的处方减少了 1/3。

这一数据非常惊人。让我更惊讶的一点在于，尽管违背承诺不会受到经济惩罚，但是这对医生还是产生了重要影响。此类承诺与上文中的现金承诺机制、锁定银行账户以及截止日期惩罚形成了鲜明对比。之前的措施在我看来就是"硬性承诺"，其中牵涉非常具体的成本。诊所医生的承诺则是"软性承诺"——在打破承诺的时候他们只需要付出心理层面的代价。

为了实现目标，人们可以给自己制造失败成本，也可以由别人来施加这一成本。其中包括软性惩罚，比如公布自己的目标或者任务截止日期，如果失败了就会很丢脸。也有硬性惩罚，比如在未能完成目标时要支付罚金。[33] 与此同时，人们也可以自己施加软性限制措施，比如用小一号的餐具吃饭，用小猪存钱罐存钱。也可以施加硬性措施，比如把存款放到锁定银行账户中，或者只能在健身房里使用 iPod。

前文也提到，承诺机制会在承诺人出现不当行为的时候施加惩罚或者限制其自由，有些人对此会感到不适。如果惩罚过重，那就可能适得其反。有些人根本无法承受硬性承诺的设计，尝试其他的承诺机制也许更好。

签署承诺书就是一种软性承诺机制，因为它的惩罚只是违反承诺后的内疚与不适感。自己与自己产生的冲突——心理学家称其为"认知失调"[34]——有着非常强大的力量，美国心理学家利昂·费斯汀格在 20 世纪 50 年代首先开启了这方面的研究。人们总是尽力避免去思考自己内在的冲突。认知失调理论正好诠释了人们加入邪教之后为何很难离开（因为已经投入太多，这让承认自己并不愉快变得很困难），也诠释了吸烟者为什么会低估烟瘾对健康带来的影响（如果觉得自己是个聪明人，同时还有一个陋习，根据认知失调理论，你会无视那些证明自己陋习非常糟糕的证据）。通过选择合适的承诺，要求他人做出承诺，我们就可以让认知失调成为一种软性惩罚措施，鼓励自己或他人更好地执行应有的行动。

我的学生卡伦·赫雷拉提供了很好的案例。[35]卡伦在大一入学时患上了肥胖症，她对自己的身材非常不满意。现在，上大三的卡伦已经减掉了40磅^①。她是怎样做到的？卡伦告诉我，入学几周后她报名参加了一位营养师的项目，改变从此开始了。每一次会面，卡伦都会做出节食和减重承诺，周期很短，强度也不大，卡伦还需要说明自己实现承诺的计划。两人还会每周见面以追踪进展。随着时间的推移，两人建立了稳固的关系。卡伦告诉我："每一周我都会主动做出抉择，我不想让她失望。我也不想让自己失望。"因为不愿让自己失望（避免认知失调的痛苦）以及不愿让营养师失望（因为向其做出了承诺），卡伦实现了目标。上大三的她告诉我，对自己的身材她第一次充满了自信，那些努力实现并维持的改变更是给她带来无尽的喜悦，这要归功于软性承诺。

注意，卡伦的承诺都是小步推进的，而且是不断反复的。她没有承诺马上减掉40磅，而是每周设定目标，确保在减肥的过程中身体健康，减重幅度符合实际。大量关于承诺机制的研究都肯定了这种循序渐进的方法。

再来看一个由我的博士生阿尼什·拉伊主持的实验。该实验覆盖了某大型非营利组织的数千名志愿者，他们承诺在

---

① 1磅 ≈ 0.45千克。——编者注

加入组织一年内完成 200 小时的志愿工作，但是都没有实现承诺。[36] 作为研究人员，我们知道，设定如此宏大的目标确实容易让人失去动力，于是我们要求志愿者换一种承诺形式，要么每周 4 小时，要么每两周 8 小时，其实加起来就是每年 200 小时。虽然年度总时长目标没变，但是通过把大目标分解成小目标的承诺机制，志愿者的工作时长增加了 8%。（同理，在线金融服务公司 Acorns 调查发现，相较于要求人们每周存入 35 美元或者每月存入 150 美元，当要求人们每天存入 5 美元时，实现存款目标的概率最大。[37]）当承诺变得不那么宏大，也就没那么可怕时，人们更容易坚守自己的承诺。

理性人与非理性人

我很喜欢和沃顿商学院的研究生分享承诺机制的案例，还有奥马尔的故事，但是他们的争论也确实触到了我的痛点。我在研究生期间学习硬性承诺机制时，也曾感到失落沮丧，但是我从未质疑过硬性承诺机制的价值。我在学习中得知，该机制已被证明有效，尽管有人觉得这类机制不合常理。我感到难过，甚至有些气愤，不是因为这类机制的存在违背了经济学原理，而是因为使用这类机制的人如此之少。数据明明显示，这些有价值的工具应该得到广泛应用，虽然前者与后者相比不具备同等约束力，因此也不及后者有效，但是大多数人似乎觉得软性承诺比硬性承诺更具吸引力。

而且，这不仅仅是硬性承诺机制不受欢迎的问题。很多人——包括很多精明的沃顿商学院学生——都觉得此类机制太过怪异。在上文的格林银行案例中，除了银行管理层，还有一大批客户一开始都非常质疑锁定账户的意义。在被提供锁定账户服务的客户群中，72% 的客户拒绝开户。在戒烟实验中，虽然吸烟者想戒除烟瘾，但是对现金承诺机制深表怀疑，89% 的参与者拒绝将钱存入承诺账户。其他研究数据也得出相同的结论，采纳硬性承诺机制的人占少数已经成为一种常态。另外，承诺机制不受欢迎，提供现金承诺机制的公司（比如 stickK 和 Beeminder）也难以成功。

到底是什么原因呢？承诺机制确实非常有效，而且，确实有很多人正在苦苦追求自己的目标。那么，需要承诺机制的人应该很多才对！自助行业现在已经发展成每年营收 100 亿美元的市场。[38] 显然，人们希望得到帮助来实现自己远大的目标，但是他们经常忽视这个特别有效的工具。

研究承诺机制的行为学家可能找到了一个原因。在他们看来，并不是大多数人不需要这些工具，或者担心在通往成功的道路上遇到意外。从理论上讲，世界上有两种人。[39] 每个人都会有自控力的问题，所以这并不是区分的关键。有些人已经认识到自己的不自律，并且愿意采取措施遏制这一趋势，行为学家称其为"理性人"。但是，世界上可不都是理性人，沃顿商学院 MBA 课堂上的学生对格林银行实验的激辩就证明了这一点。很多人认为自己可以通过意志力克服自控力方面的难题，并对此极为乐观，行为学家称其为"非理性人"。

每个人都觉得自己是理性人，但其实世界上非理性人居多。如此一来，加上人们对失败的恐惧，我们就能够解释为什么大家虽然能从承诺机制中受益却不愿意利用此类机制了。非理性人并没有意识到承诺机制虽然听起来违背直觉，却是解决自控力问题的绝佳工具。如果这个假设不成立，世界上都是理性人，那就会是另一番景象，大家会急切地接受甚至强烈要求银行、健身房、学校、医院等提供承诺机制。而且，如果世界上理性人居多，落实承诺机制就足以解决所有跟诱惑相关的问题。如果大家都是理性人，那么每个从承诺机制中受益的人都会使用承诺机制，只有那些不需要帮助的人才会放弃承诺机制。在这样的世界中，我们根本不需要第三方约束，比如，不需要法律禁止酒驾（人们会自己在车上安装酒精检测仪，防止自己在酒后启动车辆），不需要缴纳社保（人们可以自己把钱存到锁定账户中）。

不幸的是，这并不是我们生活的现实世界。丹和克劳斯的一项实验显示，让麻省理工学院的学生自己选择作业截止日期并附加惩罚措施的方式不足以让他们尽力做好每次作业，因为很多学生就是不同意选择承诺机制。[40]两人通过实验证明，要让学生在论文中取得更好的成绩，就要强迫他们接受在学期中平均分布的作业截止日期，并在迟交的情况下施加惩罚措施。除此之外，还有很多数据表明，大多数人不选择承诺机制是低估了其作用，或者以为自己不需要此类机制，而不是因为他们真的不需要或者不愿意承担受惩罚的风险。

非理性人的普遍存在表明（意料之中），优秀的管理人员需要关注影响员工长远目标的诱惑，有针对性地设定限制条件或者施加惩罚，比如，将员工的部分收入转入养老金计划，限制员工在上班时间登录某类网站。在这种情况下，员工不需要自己建立承诺机制，因为良好的激励措施已经存在，积极的承诺已经被第三方施加到员工身上了。

当然，此类措施可能有些家长作风。如果管理层针对每一项可能影响工作效率或者员工福祉的事情都施加惩罚措施，员工就会觉得不被信任，被过度管控。屈从于诱惑的自由有时也让人珍惜（甚至享受）。组织不是施加越多的限制就越优秀。

如果你是管理者，当员工要追求重要的目标且可能受到意志力的影响时，施加限制条件就会起作用。比如，屏蔽公司电脑上的脸书等社交软件，取消自动售货机里的汽水等产品。但是，你可能也需要鼓励员工自己设定边界。

精明的组织通常会激励员工或客户做出互利的承诺。比如，医疗公司请客户承诺每个月定期坚持服用必需的药（我的研究显示，这将大大提高药物依赖性）。[41] 或者管理层可以鼓励员工下载软件，限制自己浏览社交媒体的时间，或者自愿给重要的任务设定截止日期，或者采取其他形式的承诺——无论是否公开，是否有惩罚措施。这类似于上文提到的让医生承诺减少开非必要的抗生素处方。

当然，大家并不是随时都能遇到关心自己福祉的组织、管理层、研究人员、决策机构、老师或家长。好在承诺机制在我们独立面对问题的时候同样适用：自己激励自己。大家要做的，就是充分认识承诺机制的价值，并将其付诸实践。

此时此刻的你已经拥有了重要优势。当读到此处时，你已经成为理性人（如果你之前不是）。之前的两章已经明确指出，自控力问题其实是行为改变的关键障碍，时常会诱发冲动行为和拖延现象。现在，你已经明确，在屈从于诱惑之前，你可以利用承诺机制抵制诱惑。

－ 本章小结 －

- 在实现长远目标的任务中，人们往往会因为"即时倾向"而拖延。

- 为了有效解决这一问题，我们可以提前预测诱惑，然后设定限制（"承诺机制"）来打破恶性循环。当一个人为了实现更大的目标而选择减少自己的自由时，他就是在应用承诺机制。比如，"锁定"的银行账户，在达到储蓄目标之前你不能从账户中提款。

- 现金承诺机制是承诺机制的一种变体。在现金承诺机制中，一个人需要先付一笔钱作为经济刺激因素，如果未能完成目标，他就无法将钱取回。

- 公开承诺是一种软性承诺机制，可以增加无法实现目标所带来的心理成本。软性承诺虽然达不到硬性承诺的效果（牵涉更具体的惩罚措施或限制条件），但是依然能发挥重要作用。

- 为了实现目标，我们可以为自己制造失败成本，这个成本可以是软性惩罚（比如公开目标或者完成任务的截止日期），可以是硬性惩罚（比如罚金），也可以施加软性限制条件（比如用小号餐具吃饭）或者硬性限制条件（将钱存入锁定账户）。惩罚措施或者限制措施的约束力越小，推动改变的效果越弱，但也更容易被采纳。

- 做出更小、更频繁的承诺比更大、更低频率的承诺更有效，即使两者设定的实际目标相同（比如，承诺每天存 5 美元比承诺一年存 1825 美元更有效）。

- 并不是所有人都能意识到自己可以从承诺机制中获益多少。未能意识到的人（非理性人）往往会高估自己抵抗诱惑的意志力，意识到的人（理性人）更容易在生活中做出改变。

How to
Change

第 四 章

健 忘

在美国，每年都有数十万人因流感而住院，数万人因流感死亡。[1]这已经是非常可怕的数字了。2009年，猪流感和季节性流感在全球迅速蔓延，情况变得很糟糕。[2]（随着新冠肺炎疫情的蔓延，我们将面临更糟糕的局面。[3]）

那年9月，作为新入职的教授，我满怀一腔热情，想要在公共卫生领域做出一番贡献。于是，我飞往纳什维尔，参加了一家《财富》世界500强企业有关员工健康问题的会议。会上我遇到了健康管理公司Evive Health的联合创始人普拉桑特·斯里瓦斯塔瓦，他当时正在与全美各地的企业合作，

希望说服更多企业员工接种流感疫苗。^①

多年来，斯里瓦斯塔瓦一直在医疗保健行业工作。他亲眼看见各类预防保健（比如流感疫苗接种），即使是在免费的情况下，美国人民也没有充分参与，这令人困惑。为了改变这一状况，他与其他人联合创建了 Evive Health，与众多企业建立合作关系，让其员工能够更好地了解并利用医疗保健福利。

当时猪流感已经暴发，斯里瓦斯塔瓦愈加感觉到肩上的重任。但是 Evive Health 也面临一个问题。即使其企业客户为自己的员工提供免费流感接种，Evive Health 也会给那些员工发送个性化的提醒，明确疫苗接种的时间和地点，但是最终的接种率只有 30%。[4] 在猪流感暴发后，有更多人表示会在 2009 年接种疫苗，斯里瓦斯塔瓦对此抱有极大的怀疑。很多人承诺会接种结果又没去，这种情况他已经看得太多了。我们在纳什维尔会面的时候，他表示他确实被

---

① 2009 年秋季，一种效果不错的猪流感疫苗已经被研发出来，与常规的季节性流感疫苗一样都能接种。(M. R. Griffin et al., "Effectiveness of NonAdjuvanted Pandemic Influenza A Vaccines for Preventing Pandemic Influenza Acute Respiratory Illness Visits in 4 U.S. Communities," *PLoS ONE 6*, no. 8 [2011]: e23085,DOI:10.1371/journal.pone.0023085.)

难住了。到底怎样才能推动疫苗接种呢？

斯里瓦斯塔瓦的问题在我听来非常熟悉。会议结束后，在纳什维尔等候返程的航班时，我吃了一顿烧烤（确实存在一些我无法抵抗的诱惑），并开始思考自己能够在这个问题上做出什么贡献。

选民"放鸽子"

2008 年美国总统大选前的 6 个月，道琼斯工业平均指数从前一年的高点下跌了 20%[5]，到了 9 月底，国家经济已经十分低迷。金融危机一触即发，成为大选中一个巨大的不确定因素。但是还有一个不确定因素，自 1952 年以来，首次出现两党候选人都不是在任总统或副总统的情况。[6] 经过残酷的初选，民主党候选人奥巴马和共和党候选人麦凯恩在选举中的竞争越发激烈。[7]

就像任何一场势均力敌的选举一样，选民投票率很有可能成为这场事关重大、令人紧张的选举的决定因素。由于美国选举人团制度的特殊规则[8]，总统选举的结果可能会因一两个州的数千甚至数百张选票而迥异。就像在 2000 年，在佛罗里达州的大选投票中，布什以极其微弱的差距战胜了戈尔。[9]但是，美国有投票权的选民通常仅有不到 60% 的人参与投票[10]，也就是说，那些微弱的胜利并不一定反映了真实的民意。

我读研究生时的挚友托德·罗杰斯发现了这些数据趋势，并急于采取行动解决这个问题。在 2008 年大选之前，他醒着的大部分时间都在担心选民投票率。托德现在是哈佛大学肯尼迪政治学院的授勋教授，我们在读博士时是同门，有同一个论文导师，在学术生涯中我们结下手足之情。在同窗的 3 年里，我们在同一处从事科研工作，经常一起喝咖啡，无论是学术还是生活中的各种问题，我们都会寻求对方的帮助。

随着 2008 年总统大选的迫近，我看到托德被一个特别大的难题困扰着。他了解到，大量登记选民表示会参与投票，但是最终都没有投票。他和同事研究了某一次选举[11]，发现 54% 的登记选民告诉民意调查员会参与投票，但最终"溜掉了"（托德和正彦的原话）。

托德觉得很奇怪，为什么那么多登记选民最终没有去做承诺做的事？他意识到，选民投票率只要提升一点点，就是在提升民主化进程，而且这似乎不难实现。这些人已经去登记了，也告诉民意调查员他们会参与投票。他们并不是对政治参与没有信心，只是因为某些未知的原因，最终没有参与投票。

2009 年在纳什维尔机场，我思考着为什么那么多美国人表示要去接种流感疫苗最终却没有去，我如此熟悉斯里瓦斯塔瓦的问题，原来是因为托德也为相似的问题苦恼过，而我亲眼看见了。

健忘

在研究生院时，我就常听托德在选民弃选的问题上大吐苦水，但是对问题的根源我了解不多。于是，我给托德打了个电话，他首先就指出，"放鸽子"这种事情普遍存在，比如登记选民不参加投票，员工不去接种流感疫苗，家长没有给孩子读故事，上司没有给下属提供指导，大多数美国人没有实现新年愿望。有证据显示，以人们的意愿预测其行为，效果非常有限。[12]

托德解释说，通过选民调查、学术研究和反复思索，他总结出几个共同的原因，其中就包括懒惰和疏忽，但是也许最重要、最令人惊讶，同时也是人们最容易克服的原因是健忘。[13] 很多选民表示，他们最终没有去投票就是因为"忘记了"。

健忘听起来就是个借口，是人们在为自己的不在意、不上心找理由。其实，即便是认真对待选举投票的人也有可能因为健忘最终没有落实行动。就在不久前，我有一个康涅狄格州的朋友在一次非周期选举中忘记了投票，她之前还对当地某位候选人承诺一定会全力支持他，而且她非常想履行承诺（大家应该还记得前文提到承诺对人的重要意义）。[14] 选举日当天她刚好出差去纽约市，于是打算在出发前去一趟选举站点。然而，在匆匆忙忙要出门的早晨，投票的事情早就被她抛在脑后了。等她意识到忘记了投票，火车已经向纽约市驶去，而且，等她回家时站点的投票已经结束了。她对我说，虽然知道选举结果不是由自己的一张选票决定的，但还是觉得很过意不去。

这个例子足以说明，健忘可能并不总是一个编造的借口。在很多未能落实的承诺上，健忘可能比大家想象的更严重、更普遍。一项最新的研究显示，成年人平均每天忘记 3 件事，可能是密码，可能是家务，可能是结婚纪念日，各种各样的事情都有。[15]人其实很健忘，部分原因在于，信息要留在大脑中并不容易，尤其是一些我们只会想一两次的事情。1885 年，德国心理学家赫尔曼·艾宾浩斯发表的一项经典研究证明了人类的遗忘速度有多快。[16]他尝试记忆多组不同的无意义音节，然后在不同时间段进行回忆。通过自己记忆的实验数据，他估算得出，遗忘大致遵循一个指数衰减函数。对新获取的信息，人们在 20 分钟之后会忘记一半，在 24 小时之后会忘记 70%，一个月之后就会忘记 80%。在最近使用类似实验程序的研究中，这一模式得到反复验证。[17]

一般情况下，人们需要兼顾的任务越多，越容易健忘。可是，当代人每天需要兼顾的事情实在太多了。以我为例，每天早上，我要洗澡、刷牙、穿衣、化妆、吃早餐、给孩子换衣服、打包午餐零食水壶、给孩子刷牙、带好哮喘药物、为孩子擦好防晒霜、让祖父母带孩子出门，然后我整理好自己的手提包（确保别忘了带手机，下雨天别忘了带雨伞）。这些还只是我出门前需要完成的事情。那些不是日常惯例或没在日历中设了备忘的事情，我很难挤出时间去认真思索。无论是安排牙齿检查、投票、给朋友发生日祝福，还是回忆自己把房门钥匙放在哪里了，可以肯定的是，每一周的每一天我都会忘记一件（或几件）事情。

有时，我甚至会忘记已经设了备忘的事。有一次，一位从外地来的同事找我，我们约了早餐见面，他提前两天就跟我确认了行程，我也将这件事列入我的日程。但是到了约定的那天早上，我完全忘了查看日历，跟平时一样洗漱穿衣准备出门，我也基本上没有在上午9点之前开过会。直到约定时间的半小时后，我看到一封邮件，邮件说："我们之中是谁弄错了时间吗？"[18] 这真是丢人丢到家了！

避免出现此类错误的一个方法就是创建提醒系统，研究也证明了这一点（所以，Evive Health等公司确实做了很多好事）。比如，通过邮件、电话或者当面提醒人们去接种疫苗[19]，"爽约"的概率下降了8%[20]。同样，通过邮件提醒人们在一周之后参与投票，选民投票率提升了6%。[21] 在储蓄方面，提醒也可以起作用。在玻利维亚、秘鲁和菲律宾，那位被我爽约的经济学家（对不起啊，迪安！）及其团队在研究中发现，每个月向银行客户发送短信或者邮件提醒他们存钱，银行储蓄额提升了6%。[22]

提醒虽然有用，但是也有严重的局限性。托德最喜欢的一项研究很好地说明了这一点，他也通过这个实验弥补了我在这方面的认知缺失。

2004 年，约翰·奥斯汀、西于聚尔·西于尔兹松和约娜塔·鲁宾在一家大型赌场酒店进行了此项实验，主要任务就是提醒司机系好安全带。[1][23] 享受酒店代客泊车服务的 430 名客人参与了此项实验，但是他们并不知道自己成了研究对象。研究人员把客人随机分为 3 组，每组客人在取车时会遇到不同的情况。

第一组客人遇到的情况和往常一样，他们把停车票交给服务员，等待取车，驾车离开。第二组客人在递交停车票时会收到服务员的提醒："注意安全，请系好安全带！"最后一组客人也会收到服务员的提醒，但是时间点是在取完车并上车之后。

该实验中的两种提醒差别十分微妙，两组司机都在驶出停车场之前听到了同样的提醒，唯一的差别是听到的时间点

---

[1] 我们并不知道进行该实验的赌场在哪里，但是研究中的一位作者是凯撒娱乐公司的分析师，这提供了一条线索。

不同，一组是在上车前的 4 分 50 秒（取车平均时长），另一组是刚刚上车的时候。这有什么关系吗？

其实关系还挺大的！

训练有素的学生观察员追踪了司机系安全带的情况。一般情况下，提醒机制确实有效，但是在这项实验中，在完全没有听到提醒和在上车前 4 分 50 秒听到提醒的情况下，司机系好安全带的概率差别不大，都在 55% 左右。[①]

出现显著差别的是在上车的当下听到提醒的组别，80%的司机都系好了安全带。在一项极其重要的安全行为中，这是惊人的 25 个百分点的增长，差别仅仅是提醒的时机。每次在讲授应对健忘的重要性时，我都会反复强调这个研究，其结果表明：能够立即采取行动的提醒更有效。

上文提到，我在和同事约好早餐计划的两天前设置了提醒，但是到了当天早上 7 点，我还是一切照旧，提醒白设置了。还有康涅狄格州的朋友，她收到了多次投票的提醒，偏偏没有一次提醒出现在她赶火车去纽约市的那个早晨。

你可能也遇到过这个问题。想想看，让配偶或室友在早

---

① 该研究规模较小，其设计未能准确衡量行为中的细微变化。

上提醒你下班后记得去拿某样东西。但是，在忙碌地工作了一天之后，你还记得那个提醒吗？除非你们的对话刺激你在日历上创建了更及时的提醒，或者引发了一段更长的对话，让要做这件事情在你大脑中留下了更深刻的印象，否则，清早的提醒在一天的活动结束之后基本上已经没有意义了。上述系安全带的研究表明，提醒时间即便只是提前了 5 分钟左右，司机也有很大的概率会忘记。赫尔曼·艾宾浩斯的指数遗忘曲线告诉我们，记忆应该把握时机。

托德在与我分享这些研究时表示，当第一次得知这些发现时他感到非常绝望。因为他不可能成为一个贴身男仆，在选民上班或下班的途中在他们的耳边提醒他们去投票，那还有别的应对健忘的方法吗？

基于提示的计划

在苦苦追寻答案的过程中，托德发现了一项 20 世纪 90 年代在德国慕尼黑大学进行的研究。某次圣诞假期之前，研究人员让大约 100 名学生说出一个他们在放假期间计划完成的困难目标。[24] 学生们有各种各样的目标，从"写一篇学期论文"到"找一间新公寓"，再到"解决与男友的冲突"。

慕尼黑恰好位于白雪皑皑的拜恩州阿尔卑斯山脚下，每年都会有很多圣诞集市，是一年之中最美好的时间。研究人员知道，肯定有很多事情让学生们分心，他们想知道，哪些学生能完成目标以及原因是什么。

圣诞假期之后不久，学生们要汇报自己是否完成了目标。一个神奇的模式出现了，按照以往模式处理事情的学生，仅有 22% 完成了自己的目标，但是另一组进行了干预的学生，62% 都完成了自己的目标。

那到底干预了什么呢？

该干预策略就是纽约大学著名心理学教授彼得·戈尔维策所说的"实施意图"。这个看似花哨的术语其实是一个非常简单直接的策略，那就是将落实行动的计划与一个能够提醒行动的特殊线索联系在一起。线索可以是一些简单的事情，比如某天的某个时间点（比如星期二下午 3 点），也可以是更复杂的事情，比如，上班途中经过一家特别的唐恩都乐甜甜圈店。

我们在制订计划的时候，很少思考什么会促使我们采取行动。相反，我们只关注自己想去做的事情。比如，一个人如果想改善口腔健康，计划往往就是"我要提高使用牙线的频率"。但是，根据彼得·戈尔维策的研究，一定要将意图与具体的时间、地点或行动等线索联系起来。如果想更经常地使用牙线，一个更有效的提示应该是，"每天晚上刷完牙后，我都要使用牙线剔牙"。

形成实施意图策略很简单，就像完成"当＿＿＿＿发生时，我就会做＿＿＿＿"的填空。比如，"我计划增加每月的退休金储蓄"就缺失了一个重要成分，这会降低你成功的概率。但是，"每当加薪时，我就会增加每月的退休金储蓄"，就是一个比较完整的计划。同样，"我将花更多时间在我的在线硕士课程上"也非常模糊，但是，"每周二和周四下午 5 点，我会花一小时学习在线硕士课程"更有效。"我要多走路去上班"也不是很有效，更可能成功的计划是，"当气温在 35 到 80 华氏度[①]之间且没有雨雪的时候，我就步行去上班"。

彼得的多项调查研究证明，形成基于提示的计划会增加目标实现的可能性。另外，提示越明确（多亏了细节和个体

---

① 1 华氏度 $= \frac{5}{9}$ 开。——编者注

的特殊性），越有效。[25] 因此，对比"每周二和周四下班之后我会锻炼，我会乘坐 17 路公交车到中心街的基督教青年会，在椭圆机上锻炼 30 分钟"和"我要多锻炼"，甚至是"每周二和周四我会去健身房"，前者对我们更有帮助。

在 2008 年大选之前，托德发现了彼得的研究，他以为自己找到了一种低成本、易实施的方法来应对选民忘记去投票的问题。他研读了大量有关实施意图的文献，透彻分析了基于提示的计划能推动人们完成目标的所有因素。

首先，制订详细的计划需要投入时间与精力。人们思考一件事花的时间和精力越多，对其记忆越深刻。这其实也是艾宾浩斯 19 世纪 80 年代关于遗忘研究的重大发现之一。人们与某个信息接触得越多，越容易回忆起来。[26] 这项发现被反复验证，正因如此，才有了用闪存卡记忆信息的方法，它使得我们很容易反复接触我们希望记下来的信息。

而且，提示本身也被证明与人类的记忆密切相关。有时候一首老歌（典型的听觉提示）能唤起某一段特定的回忆。比如，每当听到甲壳虫乐队的那首"When I'm Sixty-Four"时，我都会想起自己的婚礼。1993 年爱斯基地乐队的热门歌曲"The Sign"总会让我想起在得克萨斯州和亲戚们度过的圣诞节，因为当年我们一直哼着那首歌的副歌。你可能也有一些相似的例子。

记忆之所以如潮水般涌现，是因为它们与各种各样的提示联系在一起：视觉、听觉、嗅觉、味觉、触觉。在普鲁斯特的小说《追忆似水年华》中，主人公咬了一口玛德琳饼干，童年回忆如潮水般涌来。[27]正如旁白所说，"突然，一幕幕犹在眼前"，那是他孩童时期和阿姨在乡间度过的夏日周末，这是味觉唤起记忆的例证。

提示具有触发记忆的力量，也就是说，将一个计划（如使用牙线）与预期会遇到的提示（如每晚的刷牙动作）联系起来，你更有可能记住这个计划。提示会让你回想起你应该做什么。

无论使用哪种类型的提示，彼得·戈尔维策的研究都表明，基于提示的行动计划是解决健忘的一剂良方。

最佳提示

在 4 月明媚的一天，托德启动了实验，看看是否有简单的方法来增强提示的有效性（他让我也参与了这场有趣的活动）。那是一个繁忙的星期二早晨，研究助理们在哈佛广场某知名咖啡厅的外面向数百名顾客发放星期四购买咖啡的 1 美元优惠券。[28] 他们在发放优惠券的时候会给出不同的提示，部分顾客接收到普通提示——一张咖啡店收银台的照片，并被告知，在结账时像往常一样，当看到收银台时，要记得使用优惠券。

有些顾客接收到特殊提示——我们推测该提示会更有效。这部分顾客也得到了收银台的照片，但是在这个照片中，收银台前坐着电影《玩具总动员》里的三眼外星人。他们被告知，在看到外星人时记得使用优惠券。

到了星期四的优惠券兑换日，我们把外星人毛绒玩具放到咖啡店的收银台前，大家一眼就能看到。不过，只有部分顾客知道它的含义，因此，在这些人的眼中，它是使用优惠券的提示，但是其他人却很诧异，为什么咖啡店的品位一夜之间变了样。

托德和我认为，提示越特殊，激发记忆的效果越好，事实验证了我们的想法。被告知要注意外星人毛绒玩具的顾客比另一组顾客使用优惠券的概率高出 36%。

第四章 健忘

上述研究以及之后的一系列实验证明，有提示优于没有提示，特殊提示优于普通提示。想想看，你走在路上，突然遇到的奇怪东西（比如外星人毛绒玩具）更容易吸引你的注意力，毕竟注意力是一种有限资源。

这项研究实际上与古老的记忆智慧有着密切的联系。一份完成于公元前 80 年的手稿[29]，名为《献给赫仁尼乌斯的修辞学著作》，它首次提出了现在很流行的记忆方法，即为了记忆事物，我们可以把它们与生动的场景或物体联系起来，这就是"记忆宫殿"的起源。使用"记忆宫殿"来记忆信息，你需要把记忆的每个条目与自己熟悉的场景或地点联系在一起。比如，你可以利用自己的房子（你自己的"宫殿"）来记忆一份清单，想象你在房子中走过，每个地点都与一件事情联系在一起，你要在想象中丰富与清单相关的细节。假设你需要记住一长串动作（去药店拿药，把松饼送到义卖会，寄一封信，等等），你可以想象家中的门廊上整齐排列着药瓶，松饼堆满了你的厨房，信件堆积在你的卧室。在记忆一天的任务清单时，你可以闭上眼睛，想象自己走过这个哪里都不对劲儿（满是奇怪装饰）的房子，回忆每个房间里都有什么来提示你要做的事情。研究发现，使用这种方法记忆一份有 12 个条目的购物清单，能够记住至少 11 个条目的人的数量会增加一倍。[30]

这类记忆工具也包括听觉提示。在学习生物分类时，我知道有界、门、纲、目、科、属、种，它们的英语单词对应的首字母是 K、P、C、O、F、G、S，我用这几个首字母开头的单词组了一个有画面的句子"国王在绿绸上下棋"（Kings Play Chess on Fine Green Silk），很快我就记住了顺序。

在制订基于提示的计划时，请记住，提示词越生动有趣、朗朗上口，我们越容易记住，也越容易激活记忆，从而更容易推动计划落实。

提升投票率

每年选举日前夕，竞选团队的志愿者和雇工都会打电话联系数百万登记选民，提醒他们到投票站投票。这件事在世界各地都可以见到[31]，从美国到英国，从加拿大[32]到印度[33]，从挪威[34]到澳大利亚[35]。如果你也是选民，那么你肯定至少接到过一次这类精心安排的电话，打电话的人恳请你一定要去投票（可能已经让你很不耐烦了）。也许这个电话的敦促足以让人采取行动，但是对你决定是否去投票作用不大。

在 2008 年中，托德相信自己已经透彻分析了选民遗忘投票的问题，提醒电话应该很有效，重要的机遇应该要来临了。[36] 他推测，此类电话应该是测试激励更多选民参加投票的有效方法。而且他对彼得·戈尔维策的研究持乐观态度，相信基于提示的计划确实能够推动行动的落实。他只需要确认彼得的理论可以走出心理学实验室，进入政治领域。2008 年选举日即将来临，托德决定，是时候采取行动了。

托德向彼得做了详细咨询，然后与戴维·尼克森展开合作，设计了一个具有特殊功能的电话脚本，不但敦促选民在选举日当天去投票，还让选民具体描述何时以及如何前往投票站。[37] 托德和我将其命名为"计划提示"。

托德和戴维将设计的脚本交给了专业的电话中心，在初选的前三天，该中心会给数万名登记选民拨打电话。话务员会先询问选民是否打算投票，如果得到肯定答复，就会进行以下提问：（1）预计几点去投票站；（2）预计从哪里出发去投票站；（3）在出发前会做什么。这些精心设计的问题是为了让选民认真思考能够提醒他们去投票的提示（时间、地点和活动）。

2008 年的计划提示实验覆盖了 4 万名选民，托德与戴维将他们随机分为两组，一组选民接听的是典型的投票提示信息（就是询问投票意愿并恳请落实投票行动），另一组选民接听的电话中增加了上述问题，这将刺激选民形成具体的投票计划。

当托德开始分析投票率时，他希望看到足以改变游戏规则的影响，就是那种足以推动世界各地民主国家人民政治参与度的影响。结果真的如他所愿！计划提示的设计将选民投票率提升了 9%，托德知道自己已经掌握了一个重要工具。

但是，数据中还出现了一些更有意思的信息。托德发现，这些计划提示对不同人群的影响存在差异。

登记选民分为两类：一类生活在"多选民环境"中，他们的家人或朋友同样都是登记选民；另一类自己住或者和没有投票资格的人（可能不符合年龄要求或者没有登记或者不是美国公民）住在一起，他们生活在"单一选民环境"中。

托德发现，单一选民环境和多选民环境中的选民行为有显著差别，提示计划对前者的有效性是后者的两倍。在单一选民环境中，人们在接到电话前对上述 3 个问题往往没有答案。

简单分析就能找出原因：在两种不同的环境中，在接到电话前选民就已经拥有了关于选举的不同经历。

在多选民环境中，人们与家人、朋友或室友在对话中已经讨论过投票计划。比如，我丈夫与我通常会在选举日当天一起前往我家附近的投票站，在此之前，我们一般会讨论出发的时间，商量到底是上班还是下班的时候去，看看当天有什么其他计划可能会影响投票时间的选择。但是，在单一选民环境中，这类对话一般不会发生。因此，托德发现，对这类选民来说，接听包含计划提示的电话对他们的影响更大，此前他们还没有思考过能够提醒自己去投票的提示。

综合分析这些信息之后，托德更加兴奋了。这些新发现能够帮助更多人落实他们参与政治进程的意图。[①] 他猜测，

---

① 2008 年，托德参与建立了非营利组织"分析师协会"，利用行为科学来实现这一目标。如果你想更多地了解这方面的信息，可以参考萨莎·伊森曼的《胜利实验室：赢得竞选的秘密科学》(The Victory Lab: The Secret Science of Winning Campaigns)（百老汇书局，2012），其中记录了"分析师协会"的早期历史。

这些发现还可以帮助解决更多"放鸽子"的问题。事实证明，他的猜想是正确的。

推动疫苗接种

得知托德在选举动员中取得了成功，我也很兴奋。从纳什维尔出差回来后，我和他讨论了一些细节，担心前文提到的研究发现可能不具有普遍适用性。我当然希望托德的方法经过调整之后能够帮助普拉桑特·斯里瓦斯塔瓦和 Evive Health 提升疫苗接种率。但是，在几个重要因素上，我怀疑托德的策略无法被成功转化。投票和接种疫苗之间虽然存在诸多共同点（注意，都是人们认为自己应该做但没有做的事情），但是也有一些非常显著的差别，比如，对疫苗副作用或者打针痛感的恐惧，以及牵涉个人利益的程度（流感疫苗可以让人免受疾病的侵扰，而投票通常没有那么事关切身利益）。

而且，托德在实验中能够通过电话直接接触选民，Evive Health 只能通过美国邮政联系客户。信件的效率那么低，能够有效刺激人们做出计划吗？虽然有可能，但也不是铁板钉钉的事。当有人和你讨论一系列的计划问题时，你能感受到社交压力从而做出计划，因为不做出回应会显得你很不礼貌。但是，如果信件中有相似的提问并要求你私下做计划而又不需要你做出回复，你就不太可能费心去做了。

除此之外，托德的计划提示到底是解决了健忘问题还是解决了未参加投票的其他问题，我们仍不清楚。可能很多选民会告知他人自己要投票，在电话中回答了话务员的问题，感觉像是在做承诺，做出了一个不会弃选的软承诺。前面章节讨论过，当言行不一致的时候，人们本能地会出现心理不适（认知失调），正因如此，承诺确实有助于改变行为。在流感疫苗接种的信件中，收件人不需要向另一个人做出承诺，所以这种方法可能没有效果。

当然，通过适当调整策略来解决流感疫苗接种问题的方法值得一试。我和一个经济学家团队 ① 合作 [38]，让 Evive Health 在提醒信件中加入一点儿新内容，鼓励收件人写下计

---

① 约翰·贝希尔斯，詹姆斯·崔，戴维·莱布森，布里吉特·马德里恩。

划去接种点免费接种疫苗的日期和具体时间。[①]

注意，信件并没有要求人们预约接种流感疫苗。我在分享这项实验时，听众常常会感到困惑。信件中没有回寄地址，也没有渠道让收件人向 Evive Health 或者自己的雇主传达接种流感疫苗的计划。我们的想法就是，人们可以通过形成带有时间提示的具体计划来应对健忘问题，最终落实行动。

普拉桑特也满怀期待。通过调整信件的内容就能带来改变，成本几乎为零，这可是件大好事。

我们针对美国中西部某大公司的员工进行了实验，流感疫苗接种率大幅提升，我们都很开心。仅仅是让人们写下计划，就能让流感疫苗接种率提升 13%，Evive Health 的员工还从未听说这样的计划。[②] 在我们的研究中，更多的人最终去接种了他们想要接种的疫苗，这大大降低了他们患上严重疾病的风险。

---

① 信件先确定人们觉得做流感疫苗计划很有效，然后鼓励他们在表格中写下计划。表格中还有空白处可以让人们写下计划去注射疫苗是星期几、具体日期和时间，甚至还包括一张铅笔的图片，强调研究人员希望大家把计划写下来。

② 当我们分析了工作场所流感疫苗接种处的接种人数以及保险公司的流感疫苗接种理赔数据（包括去医院接种或者去当地药房接种）时，我们发现效果更明显。而且，Evive Health 没有增加任何成本。

还有一点也很有趣。和之前托德的实验一样，我们也发现，计划提示在不同的条件下效果是不一样的。当公司规定的接种点只开放一天时，员工接种的概率更大，因为错过了这一天就等于没法接种了。而接种点如果开放多日，最终接种的人数就没有那么多。

在和 Evive Health 联合进行的一项后续研究中我们发现，和接种流感疫苗相似的计划提示同样能够敦促逾期未做结肠镜检查的患者去医院，这使得接受这项重要筛查的员工比例增长了 15%。[39]对我们当时怀疑最有可能忘记去做结肠镜检查的群体——老年人、父母、医保覆盖范围较小的人以及忽视之前提醒的人，提示计划的效果最明显。

关于提示计划的研究让我相信，无论是通过电话还是信件，鼓励人们做出计划，在减少"放鸽子"行为方面都有意想不到的效果。自然地，认真思考在何时何地完成某件事情成为我在生活和工作中经常使用的一种策略。无论是接种疫苗、支付账单、锻炼身体，还是联系学生，我都会利用该策略帮助自己落实行动。我的朋友贾森告诉我，他最近要写封感谢信给之前的导师，但是一直没去做，我就问他，你准备哪天哪个时间写，是电子邮件还是手写信件，有没有在日历上设置提醒。[40] 然后，我在他计划当天的具体时间给他发了一次信息，贾森的导师那一周就收到了感谢信，当然，我也收到了。

拆解目标

2019 年 6 月，我和同事安杰拉·达克沃思在伦敦度过了激动人心又疲惫不堪的 36 个小时，就我们的联合研究我们在多个场合发表了演讲。我们希望引起人们的兴趣，并传播关于我们共同主持的一个科学中心的信息，这个中心专注于行为转变的研究。在其中的一次演讲中，伦敦某私募股权和风险投资公司的执行合伙人劳埃德·托马斯举手提问。他表示自己对行为科学非常着迷。[41] 他读了很多书，听了很多播客节目，现在他最想知道的一件事就是，在他所了解的行为科学研究发现中，哪一个在他实现目标的过程中对他帮助最大。

安杰拉毫不犹豫地给出了答案，就是基于提示的计划。她告诉劳埃德，形成这些计划会有效提升成功的概率。这是行为科学在此类问题上给出的最佳方案。

我也不确定劳埃德听到答复之后有何感受，但是我有点儿吃惊。说实话，虽然知道计划的重要性，但我从不认为它是我研究过的最有效的策略。如果非要选一个，我可能会给出别的答案，比如，让追求目标的过程更有趣，或者利用承诺机制。

因此，我让安杰拉详细解释一下她的答复。她给出了更清晰的回应。安杰拉指出，除了减少遗忘和缩短思考当下要做什么的时间，做计划还能把大目标分解成小目标。想要在宏大的项目上取得进展，这一点非常重要。1962 年，约翰·肯尼迪总统宣布，美国人将在 20 世纪 60 年代结束之前登上月球。登月不是一蹴而就的事情，美国国家航空航天局（NASA）的工程师先是把这个宏大的目标分解成一系列小目标，然后一步一步完成每个目标的对应计划。

类似地，当你面对人生中的一个大目标时，比如"新的一年获得晋升"，你就会在做计划时主动分解这个任务。在做升职计划的过程中，你可能会意识到，你需要在周例会上与上司更好地沟通，让你的工作得到认可，在周二和周四晚上完成你的线上学习课程，等等。做计划迫使你分析完成目标的过程究竟包含哪些细节，缺失了哪一环，目标将难以实现。面对简单的目标，比如在下一次选举中投票，你只需要确保自己记得落实行动就可以了。但是对于更复杂的目标，比如学习一门新语言，你在做计划时不仅要记得落实行动，还需要将大目标分解成更小、更具体的目标。

制订基于提示的计划可以由你自己完成（比如，需要完成个人目标的劳埃德），也可以让优秀的管理人员、企业、决策机构或朋友激励你完成，比如 Evive Health 的流感疫苗接种提醒，托德的投票提醒计划。而且，激励他人去完成计划的措施还有个特别的好处，那就是你不需要强迫别人。

如果某人一开始就不想落实行动，制订基于提示的计划就不会带来任何改变。[42] 如果你让我制订穿眉环或者蹦极的提示计划，我就会无动于衷，因为这两件事我不感兴趣。计划不会改变一个人的想法，只会让人去做本来想做的事情。因此，这是一种友好的非强制方式，你可以帮助别人实现他们的目标。

伦敦之行结束后，我和安杰拉还就这个问题讨论了一阵，最终她说服了我：在任何能够刺激目标实现的行为科学见解中，基于提示的计划应该是最重要的一条。

第四章 健忘

不过，还有一点需要注意。

研究表明，基于提示的计划不能太多，否则会适得其反。[43]太多的计划会让我们不知所措。如果在具有竞争关系的目标上制订过多计划（比如增加运动量、学习外语、获得晋升、装修厨房等），我们就会被迫面对这样一个事实：保证所有事情都成功非常困难。这会导致我们减少承诺，哪怕只是一个目标也很难实现。

试想一下，当你需要完成单一的目标时，比如获得晋升，你需要采取的所有步骤。如果你还有其他目标，那么任务清单上的事情会增加三四倍，你的脑子可能都转不过来了，更不用说一旦完不成任务你的自信心就会受挫了。所以，在特定的时间段内，最好是选择能够保持专注的一到两个目标，并做出详细的计划去实现。比如，你可以在这个月选择一个优先目标（例如，每周锻炼 4 次），并为此制订计划，下个月，你就可以去做清单上的第二件事了。

基于提示的计划还有另一个潜在问题，如果你需要记住的事情比较复杂，那么简单的行动计划将无法奏效。在这些情况下，研究表明，列一份正式的清单很有效。正如阿图·葛文德在他的《清单革命》[44] 中解释的那样，外科医生在手术中使用简洁的安全清单而不是依靠记忆来判断必要步骤，不但能挽回更多生命，而且并发症和死亡率会降低35%~45%。[45] 清单不仅有助于提升安全性，最近的一项实验还表明，为汽车修理工提供检修清单极大地提升了他们的工作效率和收入。[46]

自己动手

基于提示的计划越来越受欢迎，这令人欣慰。托德的研究有力地证明了此类方法能够提升投票率，基于提示的计划已经成为世界各国推动投票工作的主要手段。当一个陌生人敲我们的门时，我们都会有点儿不高兴，但是托德告诉我，现在，当竞选拉票团队的人来到他家时，他总是立马就打起精神。[47]"我在听到她的措辞时，激动欣喜之情难以掩饰。"他有点儿害羞地说。托德会满怀热情地回答问题，还会拍一张脚本的照片，这些脚本就是基于他的研究结果而设计的。

从我和 Evive Health 2009 年合作至今，基于提示的计划已经成为该公司传播策略的重要组成部分。[48] 我最初遇到普拉桑特时，他的公司只有 10 个人，仅有几位大客户。而现在，公司已经拥有 300 多名员工，定期向 500 多万美国人发送有关如何做计划和做出更好的健康决策的提示信息。不仅如此，在 Evive Health 的实验结果发表后，很多组织机构开始利用同样的方法，并取得了很好的结果。从银行的还款提示计划到政府的节水提示、疫苗接种提示，让人们思考何时何地采取后续行动已经成为一种常见的助推策略。

事实上，尽管抱有良好的意愿，但是我们经常忘记去执行。投票与接种疫苗仅仅是冰山一角。但是，设置及时的提醒和设计具有生动提示效果的计划是帮助你有效应对健忘问题的有效工具。而且，基于提示的计划有一点特别好，你不需要 Evive Health 等公司或精干的管理层或热心的朋友指导你去完成。当有一件事情你担心自己会因遗忘而爽约时，你就可以设计一个你知道如何执行的基于提示的计划。

记住方式、时间、地点，选择合适的提示——最好是一些不寻常的信息。有时候晚上已经躺到床上了，突然想起明天有一件重要的事情，我会尝试想一些早上遇到的不寻常的东西（比如，儿子刚刚在客厅里搭建的乐高），它会成为提醒我去落实计划的提示。你也可以选择设置一个在行动发生

前的那一刻出现的提醒，看见提醒后你会马上行动。最后，
如果你的计划比较复杂，记得使用清单。

− 本章小结 −

- 有时人们未能落实自己的意愿，原因有很多，比如懒
  散、分心、健忘等。健忘可能是最容易克服的问题。
- 及时提醒可以在人们即将做某事时推动他们真正去落
  实行动，能有效解决健忘的问题。提醒如果设置得不
  够及时，效果可能不佳。
- 制订基于提示的计划是另一种对抗健忘的方法。这
  些计划将行动与提示联系起来，其形式是"当
  _____发生时，我就会做_____"。提示可以是任何
  能触发记忆的元素，比如特定的时间、地点，或者预
  期会出现的事物，等等。一个基于提示的计划的例子
  是："每当加薪时，我就会增加每月的退休金储蓄。"
- 提示越独特，越有可能触发记忆。
- 当人们没有明确计划，或者要做的事要么成要么不成

（比如错过选举日投票）时，基于提示的计划尤其有效。

- 计划还有其他好处：它可以帮助你分解目标，让你不必反复思考当下你要做什么，它就像你对自己的承诺，能够提升你实现目标的可能性。

- 如果同时制订太多基于提示的计划，你可能会泄气，你的承诺有可能会减少。因此，在特定时间内，你要有选择性地规划你的目标。

- 当计划因太复杂而不容易记住时，你可以使用清单。

How to
Change

第 五 章

懒 惰

到底发生了什么事？[1]史蒂夫·霍尼韦尔百思不得其解。史蒂夫是宾夕法尼亚大学庞大的医疗系统的一名分析师。2014年秋季的某一天，他在刚刚生成的图表中发现了一个无法理解的现象。根据图表中的数据，医疗系统长期存在的一个问题——每年耗费医疗系统和患者大约1 500万美元的经济负担——一夜之间消失了。这太奇怪了！

他开始到处询问。"上个月医院发生了什么大事吗？是推出了什么新措施吗？"他询问上司，"能不能派人去检查一下？"

沃顿商学院校友米特什·帕特尔是一位极具天赋的医生，我邀请他来我的MBA课堂给学生们上课，也是从他的讲座中我第一次听到史蒂夫的故事。[2]有传言称，米特什在宾夕法尼亚大学医疗系统中管理的团队在行为科学领域取得了巨大成就。在他讲解完第一张幻灯片后，我就知道传言不假。

在我们的课刚开始的时候，米特什就告诉了我们史蒂夫·霍尼韦尔的惊人发现及其重要性。直到 2014 年，宾夕法尼亚大学医学院常年因其医生开的处方而受到最大的保险公司的罚款。这让领导层非常恼火，明明有化学成分相同但价格更低的非专利药，但医生开的总是立普妥、枸橼酸西地那非片等品牌药。

这听起来不是什么大事，然而患者每年为此要多花费数百万美元，保险公司也要支付巨额赔偿金，所以宾夕法尼亚大学医学院经常遭到投诉和罚款。更令人头疼的是，这个问题似乎很容易解决。医生们经常被要求不要开品牌药，也被要求做出改变的承诺，但是很多医生就是没有这样做。

然后，一夜之间，史蒂夫·霍尼韦尔发现了惊人的变化。数据显示，在开具非专利药方面，宾夕法尼亚大学医学院从该地区排名垫底的位置跃升至第一。在史蒂夫发现惊人变化之前的一个月，该医院仅有 75% 的处方为非专利药。[3]现在，新数据显示，该比例已经提升至 98%。保险公司纷纷示好，并给医院发了奖金。

第五章 懒惰

在我的 MBA 课堂上，米特什分享了这场革命性变化背后的秘密。其实，医生的改变并不是因为某个新起点或者有了及时的提醒。而是一个微小的、低成本的措施推动了这次神奇的变革。

阻力最小的路径

在阐述宾夕法尼亚大学医学院产生积极变化的原因之前，我们先来看看另一个阻碍改变的因素：懒惰。

普遍来说，懒惰是一种需要被克服的陋习。在世界各地的不同文化中，无数的小故事——从《小红母鸡》[4]到伊索寓言《蚂蚁和蚱蜢》[5]——都教导我们，懒惰导致毁灭，勤奋创造繁荣。[1]

---

[1] 在《蚂蚁和蚱蜢》中，一只无忧无虑的蚱蜢整天唱歌奏乐，他的朋友蚂蚁则忙着为冬天准备粮食，蚂蚁提醒蚱蜢也要这样做，但是蚱蜢没有听。最后，蚱蜢在寒冬中忍饥挨饿，蚂蚁却吃得很好。在《小红母鸡》中，一只小红母鸡种小麦，收小麦，磨成面粉，烤成面包，在这个过程中她一直在向朋友寻求帮助，但大家都拒绝了。到了要吃大餐的时候，大家都想要分享，小红母鸡拒绝了，让他们饿着肚子，而她高高兴兴地享受着劳动的果实。

这当然很有道理。人们倾向于选择阻力最小的路径——被动跟从、随波逐流，但这有很多缺点。正因如此，行为转变才会特别困难。你想把晚上的时间花在线上课程而不是疯狂刷剧上，你想自己做健康的饭菜而不是叫外卖，但是你的懒惰和熟悉的行为模式可能会阻碍你做出改变。

不过，懒惰并不一定是陋习。在我看来，人性中的懒惰不但不是缺陷，反而能给我们带来很多好处。有时，懒惰可能会阻碍人们做出改变，但也会阻止人们浪费时间和精力。1978年的诺贝尔经济学奖获得者赫伯特·西蒙在其著作《管理行为》[6]中指出，世界上最厉害的计算机程序在解决问题时会选择阻力最小的路径，以避免过多占用内存。最好的搜索算法，比如谷歌在山景城豪华园区让其名利双收的算法，运行快速有效，因为它们采用了走捷径的方式，而不是搜索所有可能的选项。人类在进化过程中也掌握了提升效率的诀窍。我很懒，所以当家里的马桶需要修理时，我会立马打电话给Yelp（美国最大的点评网站）上搜到的第一家评价不错的维修商，我不会浪费时间把其他商家都看一遍，然后找一个可能会稍微好一点儿的商家。面对计算机的屏保尺寸和字体，我可不想苦苦思索哪种更好，出厂设置就挺好。我也懒得重复思考早上的安排，所以我不会花时间思索是先洗澡还是先刷牙，早餐吃什么，上班路线选哪条，一切按惯例来就好了。

懒惰也是一种财富，而且不仅仅体现在效率方面。当得到合理的利用时，懒惰实际上有助于促成改变。宾夕法尼亚大学医学院的案例就是如此。

默认设置

宾夕法尼亚大学医学院神奇的转变正是因为人们会选择阻力最小的路径。在某次常规系统升级中，一位信息技术人员将医生们开处方的用户界面做了一个微小的调整：增加了一个复选框。[7]新系统生效后，医生处方中的默认设置是非专利药，勾选了复选框才会变成品牌药。医生和普通人一样有着懒惰的本性，所以仅有2%的医生会选择多勾选。如此一来，宾夕法尼亚大学医学院的非专利药处方占比飙升至98%。

在行为科学家的描述中，宾夕法尼亚大学医学院变化的原因在于，信息技术人员将处方系统的非专利药改成了"默认"设置，只要没有人主动改变选项，系统的原有设置（如新计算机附带的标准出厂设置）就不会变。如果默认设置的设计比较合理，人们在毫不费力的情况下就会做出最佳抉择，我们本身就倾向于高效的操作系统，所以我们必然珍视不用做选择的机会。

在宾夕法尼亚大学医学院工作的多年时间里，米特什及其同事一直在游说管理层改变处方软件的用户界面，将非专利药设为默认选项，但是迟迟没有得到批复。最后，竟然是一位技术人员凭借一己之力对系统做出了改变，他当然知道良好的默认设置的重要性。小小的改变带来了巨大的影响，节省了数百万美元。由于新系统获得了巨大的成功，米特什得到特批，在宾夕法尼亚大学医学院建立一个新的"助推单元"[8]，以实施基于行为科学的更深思熟虑的系统改进。

助推是一个在行为科学领域流传甚广的术语。[9]虽然有许多不同的方法能促进行为的改变，但是这个术语经常被用作"正确的默认设置"的同义词，这种利用人类惰性来促进有效决策的方法已被证明非常有效。例如，2001年一项著名的研究[10]表明，将退休储蓄计划作为人们的默认选择——

不参加计划需要主动选择退出——极大地增加了人们的退休储蓄。[1]数十年来的额外研究现已令人信服地证明，明智地设置默认值是实现巨大成功的良方。通过改良系统设计，我们可以在人们懒于行动的时候提供正确的行为选择，产生最佳结果，此类方法已经推动减少了处方中阿片类药物的过度使用[11]，限制了儿童群体的饮料消费[12]，提高了流感疫苗接种率[13]，提高了乘坐出租车时给小费的概率[14]，等等，而这些还仅仅是个开始。[2]

不幸的是，默认设置并不能应对所有行为转变的挑战。当你需要采取行动，尤其是需要重复进行的时候，利用默认设置就有点儿困难了。没有任何默认设置可以确保你定期锻炼、健康饮食、终身学习、在工作中保持专注而不是浏览社

---

[1] 该研究也推动了 2006 年《美国养老金保护法案》的出台。该法案规定，对实施员工 401K 计划的雇主给予税收减免。2003 年另一项著名的研究发现，在器官捐献被设为公民默认选项的国家中（选择退出也很简单），注册捐献者的比例是不将其设为默认选项的国家的 6 倍多。(Eric Johnson and Daniel Goldstein, "Do Defaults Save Lives?" *Science* 302, no. 5649 [November 2003]: 1338 – 39, DOI:10.1126/science.1091721.)

[2] 研究表明，默认设置也会因其他原因影响人们的行为。人们认为默认设置是推荐的选项或者是最受欢迎的选项，因此，拒绝默认设置会让人觉得是一种损失。(Jon M. Jachimowicz et al., "When and Why Defaults Influence Decisions: A Meta-Analysis of Default Effects," *Behavioural Public Policy* 3, no. 2 [2019]: 159 – 86, DOI:10.1017/bpp.2018.43.)

交媒体。当我们面对不断重复的决策时，懒惰的本性就更难克服了。当然，你可以通过一些默认设置来应对某些日常决定，比如，冰箱里只放健康食品，把《纽约时报》而不是脸书设置为浏览器的主页。但是，对于其他日常要面对的事情，你能做些什么呢？当惰性不能为你所用，默认设置无法启动时，你要如何做出改变呢？

习惯的作用

在大火熊熊燃烧的仓库中，斯蒂芬·凯斯廷正在焦急地寻找失踪的队友。他的心跳越来越快。在多年的消防员生涯中，这是他见过的最大的一场火灾。在着火之前，这栋建筑里存放着一箱箱的纸巾、卷纸，还有上千磅的纸张。现在，一切都在燃烧。

当斯蒂芬的团队到达现场时，火势已经失去控制。就在他进入大楼之前，情况变得更糟了："里面的东西像多米诺骨牌一样倒塌了。"[15] 斯蒂芬在我的播客节目中回顾了当时的情况。眼前发生的一切已经十分可怕了，但是团队中还有一个人在建筑物中下落不明，这更是令人恐惧万分。

斯蒂芬的肾上腺素飙升，他的反应能力也随之增强。这种强烈的恐惧或兴奋情绪对行为产生了负面影响，人会在这种情况下听从身体的本能而不是第一时间寻求理性思考。[16]这当然有好处，在紧急情况下，没人有时间拿出计算器做计算或者权衡利弊。迅速行动是第一要务。但这也意味着，良好的反应和习惯是至关重要的。

习惯是指人们有意识或无意识地多次重复的行为和惯例，因反复多次而成为自然而然的动作。从本质上说，这就是大脑的"默认设置"，即我们在无意识的情况下做出的反应。神经科学研究表明，随着习惯的养成，人们对大脑中负责推理部分（前额皮质）的依赖越来越少，对负责行动和运动控制部分（基底神经节和小脑）的依赖越来越多。[①][17]

消防员和其他一线急救人员经常需要在无法深思熟虑的情况下迅速做出正确的决策，因此，他们会花大量时间进行

---

① 查尔斯·达尔文在其经典著作《物种起源》中指出，本能和习惯的关键区别在于它们的来源：本能是与生俱来的，习惯是后天习得的。(Charles Darwin and Leonard Kebler, *On the Origin of Species by Means of Natural Selection, or, The Preservation of Favoured Races in the Struggle for Life* [London: J. Murray, 1859].)

紧急演练和练习，建立肌肉记忆，让正确的判断成为习惯，成为本能反应。在消防专业院校和消防工作中，消防员需要不断演练，以减少火灾警报响起时穿上沉重的装备和快速上车所需的时间。他们需要练习搜救技能，学习如何拉动水带，演练在氧气面罩失效的情况下该怎么做。

斯蒂芬在着火的仓库中搜寻队友时，依靠的就是在训练中养成的习惯。他高喊道："嘿！嘿！消防部门！有人在这里吗？"做到这一点很容易。斯蒂芬解释道："最难的事情是，要在呼喊之后安静下来，你要向周围看一看，仔细听一听，最好能有所发现或者能听到些回应。"但在这种情况下，人的本能就是一直喊，而这并不利于你有效搜寻。

显然，斯蒂芬和队友们已经练就了这种非自然的停顿，这种违背人的本能的行为成了他们的本能。在习惯性的停顿中，他们一边看一边听，发现了一些重要的东西——废墟中出现了一小块手套碎片。如果一直呼喊，没有停顿，没有观察与仔细听，他们就不可能发现队友罗布被埋在了废墟中。斯蒂芬说："我猜他在摔倒的时候，手被拧到了。"消防员赶紧把罗布挖了出来，拖到安全的地方，几秒之后仓库就坍塌了。

斯蒂芬和他的消防队被誉为英雄队伍，他们当之无愧。

然而，这次救援的成功不在于坚毅的决心，而在于无数次磨炼默认反应、在危机中明智决策的演练。

在火灾、战场、医院和其他高危环境中，良好的习惯挽救了无数生命。可以说，良好的习惯比英勇的救援更重要。当我们需要本能反应带来积极的结果，而不能依赖于"默认设置"时，另一种好的选择就是行为设计。无论是在企业管理还是在个人生活中，不断设计行为直到它成为第二天性都能给我们带来更多好处。

行为科学家在谈论习惯的时候，往往会将其比作捷径。[18]如果你喜欢喝咖啡，回想一下第一次用咖啡机的情景，你需要全神贯注，弄清楚注水的时间、咖啡粉的量。但是，经过无数个早晨的"演练"，你已经形成习惯，现在不需要任何思考你就能迅速给自己煮好一杯咖啡。

对人类和其他动物的实验已经证明，习惯来自反复的练习，这听起来有些老调重弹。养成习惯可能不需要像消防员训练那样刻意——穿上消防服、暂停呼喊、查看生命迹象，但它总是需要不断重复一个动作，直到不仅仅是熟练，而是成为一种本能。很多时候，习惯性动作（咬指甲、查看手机、煮咖啡）都是无意间形成的。如果想养成良好的习惯，或者想以好习惯替代坏习惯，你就要有意识地反复演练，就像消防员在高压环境下培养习惯一样。

20 世纪中期，心理学家伯尔赫斯·弗雷德里克·斯金纳在其经典实验中证明，向老鼠或鸽子反复提供形成某种行为的机会（比如轻敲杠杆），接着给予它们奖励（比如美味的食物），它们就会形成习惯性反应。动物在学会了该行为之后，即便不再获得奖励也会持续该行为。[19] 实际上，人类行为养成的模式就跟实验中的老鼠和鸽子相似。只不过，人类可以有意识地训练自己养成良好的习惯，而且我们可以帮助他人实现这一点。方法很简单：在持续的提示下不断重复某一行为并因此获得奖励（无论是赞美、宽慰、愉悦还是现金），该行为就会不断本能化。

在斯金纳的著名实验过去半个世纪后，经济学家通过研究证明，对老鼠和鸽子有效的方法确实也适用于让大学生多做运动。[20] 为了证明这一点，研究人员招募了 100 多名大学生，将他们随机分成小组，开展了一项健身研究。一组学生被告知，如果参加一次说明会以及随后的两次会议，允许研究人员跟踪他们的健身频率，在接下来的一个月里至少去一次健身房，他们就能获得 175 美元。另一组学生则被告知，只有参加说明会和随后的两次会议，允许研究人员跟踪他们的健身频率，并在未来一个月内去健身房至少 8 次，他们才能获得 175 美元。

不出所料，第二组学生去健身房的频率更高，但更有意思的事情发生在奖励停止之后。在经过一个月超高频率的运动之后（也就是需要去健身房 8 次才能获得 175 美元的情况），该组学生继续去健身房的次数大大超出另一组学生，尽管现在已经没钱可拿了。而且，在之后的 7 周里，第二组学生的健身频率是第一组的两倍。

该研究印证了一个非常简单且成功率很高（注意是很高，在本章的后面我会提到一个反转）的行为养成模式，查尔斯·都希格的《习惯的力量》[21] 和詹姆斯·克利尔的《掌控习惯》[22] 对该模式均有提及。某一行为在稳定的环境中被不断重复（或训练）且会因此得到积极的反馈，该行为就会变成一种本能。回到前面煮咖啡的例子，稳定的环境是早晨的厨房，积极的反馈是香浓的咖啡，习惯就是煮咖啡的一套动作。再举都希格书中的一个例子，牙膏公司将牙膏的薄荷清香作为一种奖励与刷牙行为联系在一起，人们每天早上都会在卫生间通过刷牙行为获得奖励，并由此养成刷牙的习惯。

好习惯的妙处与默认设置相似——"设置"之后就不用管了，它们其实利用了我们与生俱来的惰性。[1] 好习惯一旦形成，人们就能在不假思索的情况下自动完成该行为。心理学家布赖恩·加拉与安杰拉·达克沃思在儿童以及成人群体中进行了 6 项实验，实验证明，良好的习惯是人们经常误认为的"自控力"的关键。[23] 我们身边有些人看起来拥有强大的意志力——每天清晨跑 3 英里[2]，学习刻苦，工作专注，总能做出正确的决定。他们可不是天赋异禀，总能抵制诱惑，是良好的习惯让他们从一开始就避免了直面诱惑，他们甚至不会去想错误的决定是什么。每天去健身房，这是习惯，不是因为他们权衡了出门锻炼的利弊。每天早餐喝果蔬奶昔，这是习惯，不是因为他们打算吃香肠薄饼但靠着意志力抵制住了诱惑。每天睡前使用牙线剔牙，这是习惯，不是因为他们突然想到多花点儿时间清洁牙齿能预防牙龈疾病。

---

[1] 我们的坏习惯也是这样——无意识地——通过多年的重复和奖励形成的。例如，在焦虑时咬指甲或磨牙，通常是自我缓解压力的方式，在足够的重复之下，人们会养成难以摆脱的坏习惯。从自动售货机中买午餐，一开始是时间紧迫时的权宜之计，但由于经常重复，这种做法最终演变成一种日常习惯。

[2] 1 英里 ≈ 1.61 千米。——编者注

在理想的情况下，正确的选择确实会形成习惯。一个好习惯一旦融入你的生活，你无须思考就能做出正确的决定。选择阻力最小的路径，让它帮助你实现目标，而不是阻碍你。其实，用牙线清洁和健康饮食就像消防员的训练，需要通过不断重复直到成为习惯。

但是，养成新习惯并没有那么简单。落实积极的行动并奖赏自己，然后不断重复直至它成为习惯，不再需要意志力就能积极地做出正确的决定，有时这个策略很有效。但是通过亲身经历我也深刻地认识到，这个策略有赖于稳定的环境，可惜在现实中这种环境并不常见。

有弹性的习惯

我的谷歌之行给"新起点"研究带来了极大启发，不久之后，我就向谷歌的朋友们提出一个方案。我知道他们一直想让员工在健康方面养成良好的习惯，尤其是想鼓励员工多去健身房。为此，我提出了一项低成本策略，我的长期合作的伙伴——哈佛商学院教授约翰·贝西尔斯也认为该策略能够带来改变。

我和约翰是在一个研究生课程班认识的，那个课程把我引入行为经济学的新领域。我们很快成为朋友，后来又一起写论文。现在，约翰已经是世界著名经济学家，大部分员工退休金储蓄的默认设置研究都有他的功劳。不过，他也和我一样，对人们选择阻力最小的路径产生了很大的兴趣，我们希望帮助人们在无法利用默认设置的情况下也能做出良好的决策，比如，有关科技产品的使用、饮食、锻炼、睡眠、日常开支等方面的选择。

我们俩都很清楚，答案应该与习惯有关。因为我知道谷歌正在寻求方案帮助员工养成良好的健康习惯——研究表明，员工越健康，幸福感越强，工作效率也就越高。[24] 约翰和我认为，谷歌正好提供了完美的实验环境，我们可以在那里检验一下如何更有效地养成长期的好习惯。

我们的想法和人们日常的惯例行为有关。

假设雷切尔和费尔南多都想提升锻炼的频率，现在，他们报名了为期一个月、每周 3 次的私人教练课程，希望建立持久的健身习惯。他们都向一致的目标迈出了同样的一步，似乎也有同样的成功机会。

不过，雷切尔的教练与费尔南多的教练理念不同。雷切尔的教练认为，严格的作息时间是将运动变成习惯的最好方法。她让雷切尔挑选最喜欢的健身时间段，约定每周3天在这个时间段见面，希望到月底就能帮雷切尔建立起持续的健身习惯——"雷切尔模式"。

费尔南多也给出了自己每天理想的锻炼时间，并与私人教练制订了锻炼计划。但他的教练认为灵活性很重要，她不太在意费尔南多到底什么时间段健身，只要每周3次就可以了。她告诉费尔南多，变换去健身房的时间让他学会随机应变，能在有时间冲突的情况下更好地安排锻炼。费尔南多的教练向他保证，只要他能安排好每周3次的锻炼，一个月后他就能养成持久的习惯。

我和约翰询问了美国顶尖大学的几十位心理学教授，看看他们认为哪位教练的理念更好。大家基本上能达成共识，严格按照同一时间去健身房锻炼会培养更持久的锻炼习惯。约翰和我也这么认为。

因此，当看到现实情况的时候，我们都惊诧不已。

我和约翰之前也不是凭空猜测的。大量证据表明，前后一致的行为训练对养成持久的习惯非常重要，包括斯金纳的老鼠和鸽子实验也是如此。研究也表明，当有固定的服药安排时，人们更有可能坚持服药。[25] 而绝大多数去健身房的人都表示，他们基本上每天在同一时间段锻炼。[26]

一项关于吃爆米花的研究也证明了惯例对养成习惯性行为的重要性。[27] 心理学家温迪·伍德招募了一批喜欢去电影院的人，让他们在某家电影院观看一些短片，然后进行评级。实验参与者以为温迪是要研究他们的电影品位，因此，当接到电影院提供的爆米花时，他们觉得这是研究人员在表达谢意。

其实，这项研究的主角就是爆米花。有些盒子装着新鲜出炉的爆米花，散发着浓浓的奶油香气。还有一些盒子装着放了一个星期的爆米花，已经不香不脆了。实验参与者当然都分辨出了爆米花的新鲜程度，在调查中他们表示，不新鲜的爆米花让人有点儿倒胃口。那些不经常在电影院吃爆米花的人表现出的行为相当合理：他们不吃不新鲜的爆米花。但是如果足够幸运，拿到了新鲜的爆米花，他们也会很高兴地大快朵颐。

但是另一个发现比较意外，有些实验参与者本身就喜欢在看电影时吃爆米花，因此，无论实验提供的爆米花新鲜与否，他们吃下去的数量都是一样的。这一行为源于本能和习惯，而不是理性的判断。在面对爆米花时，他们处于一种不假思索的状态，电影院的环境给了他们吃爆米花的提示，因此，无论爆米花好不好吃，他们都会吃下去。

为了确定触发提示和无意识行为之间确实存在联系，温迪的团队在另一个环境中重新进行了实验，这次是在实验室（而不是电影院）播放音乐视频，结果大不相同。经常在电影院吃爆米花的人在这个环境下就没怎么吃那些不新鲜的爆米花。因为这次不是在惯例性的环境中接触爆米花，习惯性行为没有被触发，他们自然不会去吃那些嚼起来跟橡胶一样的东西。

温迪告诉我，实验结果在她的预料之中。[28] 她在自己的职业生涯中一直致力于研究"习惯"，她知道，在相同的环境中（比如电影院）不断重复同一行为并获得奖励（比如香喷喷的爆米花），即使奖励消失了，人们也会在出现熟悉的提示时做出同样的反应（因此，人们会在电影院吃下不新鲜的爆米花）。温迪说："这些提示可能是某个人，也可能是你所处的环境，甚至可能是一天中的某个时间段，或者是你刚刚做的某个动作。这些提示已经和你的身体反应联系在一起了。"

另一项针对老鼠进行的实验也提供了一致的证据。研究发现，对海洛因产生依赖的老鼠在熟悉与不熟悉的环境中对过量的药物注射产生了不同反应。[29]当在不熟悉的环境中被注射过量药物时，老鼠的死亡率翻倍。为什么？当老鼠在熟悉的环境中接受过量药物注射时，常规的环境因素会让其做出习惯性反应（也就是之前形成的耐药性产生了保护作用），但是在陌生的环境中，老鼠的身体会反应过度，从而导致死亡率大幅上升。该实验生动地（听起来有点儿残忍）展示了熟悉的环境是如何影响哺乳类动物对提示信号做出反应的。在熟悉的环境中，我们对药物、吃爆米花、服药或健身习惯都会产生习惯性反应。熟悉造就习惯。[①]

基于上述实验，我和约翰都认为，要让人们养成良好的习惯——无论是社交媒体的使用还是睡眠、健身、服药、育儿等，形成稳定一致的惯例都非常重要。回到雷切尔和费尔南多的案例，我们认为，雷切尔的教练敦促她在同一时间去健身房，应该能够帮助她建立更持久的健身习惯，效果会比费尔南多的灵活性策略更好。

谷歌的朋友们也很支持我们帮助其员工养成好习惯的想

---

① 这又与"新起点"概念有关——离开熟悉的环境，习惯就会被破坏。

法，大方地让我们在公司的健身房展开实验。①

该研究涉及谷歌美国各地分公司 2 500 名员工。[30] 我们跟踪了实验参与者在一个月内的健身频率，在这段时间里，我们测试了不同的激励措施，然后持续观察了之后 40 周的情况（检验我们一个月的干预措施是否带来了持久的效果）。我们这项研究的核心是，测试对有规律的健身习惯的奖励是不是形成持久改变的关键。

在实验中，部分员工要在每天同一时间锻炼并为此获得经济奖励，还有一部分员工什么时间锻炼都可以，但是经济奖励较少。② 我们通过该实验来对比"雷切尔模式"（持续在每天的同一时间段健身）和"费尔南多模式"（健身频率相同，但是时间安排灵活性更高）的效果。

当最终数据返回的时候，我们本以为会获得充分的证

---

① 我们非常荣幸与（前）谷歌员工杰茜卡·威兹德姆以及沃顿商学院两位优秀的博士生罗布·米斯拉夫斯基（现为约翰斯·霍普金斯大学教授）和桑尼·李展开合作。

② 我们不仅随机分配人们是通过随时去健身房还是只在规定时间去才能获得奖励，还随机分配了奖励的额度——3 美元或 7 美元。正如我们所料，奖励额度越高，去健身的人越多。在我们的研究设计中，人们的锻炼时段和锻炼强度都有差异，因此，我们可以比较两名员工在一个月内被要求进行同等强度的锻炼（比如每周两次）时，他们日常活动的规律性有何不同。

据，证明严格而有规律的安排具备强大的力量。所以当得知我们错了的时候，大家都很吃惊。

在解释我们错误的推测之前，我先说说合理的地方。实验结果并不意味着我们之前的想法被完全推翻了。在每天同一时间锻炼的员工确实建立了"更有黏性"的习惯，能在常规计划的时间内多做运动。在一个月的实验结束之后，他们在常规时间段去健身房的频率比"费尔南多模式"组的员工要高一些。

但是，出人意料的实验结果在于，"雷切尔模式"下的员工只会在那个固定的时间段去健身房，这就是他们的习惯。我们无意间把惯例行为变成了刻板行为。如果无法在常规时间去健身房，他们基本上就不会去了，在实验中以及在实验结束后都是如此。但是，"费尔南多模式"的员工不仅在个人认为最方便的时间去锻炼，在其他时间段的锻炼频率也比"雷切尔模式"的员工高。如果不能在计划时间内去健身房，他们也会找其他时间去，因此，总体上他们的健身习惯"黏性更强"。

我在学术和企业讲座中提及上述发现时，听众和我当初一样震惊（很多时候，我会在研讨会上做现场调查，然后告诉大家意料之外的实验结果）。在我看来，这是目前为止我在研究生涯中最重要的发现之一。

没错，形成稳定的惯例确实有助于养成习惯，但是如果想形成"最有黏性"的习惯，我们还需要学会随机应变，只有这样，当生活抛给我们意外状况时，我们才能从容应对。过于死板不利于养成好习惯。

假设你正在养成每天冥想的习惯，在理想情况下，你会每天在固定时间和地点进行冥想，比如午餐后在办公室里。上一章讨论过，做计划有助于提醒人们落实行动。研究也表明，在同样的时间与地点反复进行冥想，并为此奖励自己，会让冥想成为本能反应。但是，有时候在办公室冥想是无法实现的，也许你要和客户在外面吃午饭，或者你想在午休时去看医生。我和约翰的研究显示，如果你能灵活一些，在任何情况下都能想办法冥想，并且因落实该行动而奖励自己，那么冥想的习惯会更加持久。通过在日常生活中培养灵活性，你的本能反应会变得更强大：即使在不理想的情况下，你也能够冥想。总的来说，你会养成更持久、更稳定的冥想习惯。

对这项研究思索得越多，我就越能意识到，在某种潜意识层面，我早就意识到灵活性对养成好习惯的重要性。在青少年时期，我打网球特别争强好胜。在每天的训练中，我不断练习正手挥拍、反手挥拍，直到这些动作成为一种本能，而且，我不是以同样的方式在重复。我会在理想状态下（球向我正面飞来，我也有充分的时间做准备）不断练习挥拍，也会模拟不同情境中的击球，比如被压在底线时奋力回击，从网前跑回追高球，向前冲刺扣球，等等。通过在各种环境下训练击球动作，我在各种比赛中都能做到游刃有余。任何习惯的养成都是如此，如果你只在理想的环境下练习，最终的效果反而不会持久。

我坚信，通过有意识地养成良好的习惯，我们可以利用本能的懒惰让我们的行为做出积极的改变。但是，我很清楚，要让好习惯成为不假思索的本能反应，我们不能只用特定的模式去培养它。只有在不同的环境下不断演练正确的动作，我们才能形成持久的好习惯。

水滴石穿

大家都知道，本杰明·富兰克林是美国开国元勋之一，是哲学家、科学家、作家、出版商，而且，他还通过风筝实验发明了避雷针。我喜欢他是因为他创办了宾夕法尼亚大学，它是我工作的地方，而且他应该算是非常出色的行为科学家。（他总结的经验"欲速则不达"或"说得好不如做得好"，谁又会不认同呢？）

不过，富兰克林年轻的时候也过了几年玩世不恭的花花公子生活，挥霍无度，纵情声色。[31] 据传闻，直到有一回他在乘船回费城老家的途中遭遇海流航程从几周延长到两个多月时，他才制订了改变人生的计划。

富兰克林通过那段时间的思考决定重新做人。他制定了一套精心培养美德的策略，希望最终能过上富有成效和充实的生活。为了将正直的行为变成习惯，富兰克林制作了一个系统的图表来记录自己每天在13项美德中的表现。13项美德分别为节制、缄默、有序、决心、节俭、勤奋、真诚、正义、中庸、整洁、冷静、节欲、谦逊。当表现不好的时候，他会用黑色的记号做出标记，当表现好的时候他会用空白格表示。历史证明，富兰克林确实让自己有了一番成就（谦逊的说法），也许他的图表起了一定作用。

大约300年后，喜剧演员杰瑞·宋飞也信奉类似的哲学。[32] 宋飞认识到，大多数笑话都很一般，需要经过许许多多次尝试才能产生一个高质量的笑话。所以，他决定每天都写一个新笑话，而且要像富兰克林那样记录自己的进步，他的座右铭就是"不要打破连贯性"。

富兰克林和宋飞的案例很有意思，原因有很多。

第一，他们都认识到习惯的力量，也发现要不断重复某一行为才能养成新的习惯。

第二，两人都虔诚地记录自己的进展。研究表明，无论是锻炼、写笑话，还是发扬美德，记录自己的行为都能增加改变自己行为的概率。[33] 因为记录可以帮助你对抗遗忘，直至该行为成为一种本能反应。另外，这种方法也能让你庆祝成功，并对你的失败负责。当成功摆在面前时，你很难不感到骄傲，当失败摆在面前时，你也很难不感到羞愧。

而且，富兰克林和宋飞都不喜欢自己的惯例出现中断。最近的研究发现，希望养成新习惯的行为一旦出现中断，人们为此付出的代价就会很大（例如，多次错过去健身房的时间）。[34] "不要打破连贯性"正是此意。避孕药设计成 28 粒也是这个道理，从科学角度讲，月经周期大致为 28 天，前21 天才需要服药，但是大多数避孕药套装都包含 7 粒糖丸和 21 粒激素药丸，以确保想避孕的人的服药行为不出现中断，避免服药习惯在那 7 天里被打乱。其实，更有效的避孕措施是一次就能完成（比如可逆的带状疱疹疫苗），次优选项才是每日定量服用。[①]

这也是本章希望大家记住的关键点。任何源自懒惰的问题，最简单的一次性解决方案都是"默认设置"。如果你能形成本能，那么无论想要做出什么改变，你都会很容易做到。[②]

不幸的是，我们往往不能依赖一次性的方案解决问题。

---

① 宫内节育器是我们目前能想到的最接近避孕疫苗的东西，人们对其接受程度大大提高，部分原因是，越来越多的证据支持其安全性。(Erin Magner, "Why the IUD Is Suddenly Queen of the Contraceptive World," Well + Good, February 7, 2019, accessed August 20, 2020, www.wellandgood.com/iud–birth–control–comeback.)

② 在非专利药的默认设置改革成功之后，宾夕法尼亚大学医学院也在其他方面利用同样的方法推动了改变。米特什创办的"助推单元"将处方中让人成瘾的阿片类药物的数量减少了一半，每张处方药片的数量默认为 10 片（而不是通常的 30 天的剂量）。(M. K. Delgado et al., "Association between Electronic Medical Record Implementation of Default Opioid Prescription Quantities and Prescribing Behavior in Two Emergency Departments," *Journal of General Internal Medicine* 33, no. 4 [2018]: 409 – 11, DOI:10.1007/s11606–017–4286–5.) 他们还将临床最佳实践作为默认选项，让心脏病患者转入康复治疗的概率提升了 5 倍。(Srinath Adusumalli et al., "Abstract 19699: A Change in Cardiac Rehabilitation Referral Defaults From Opt– In to Opt–Out Increases Referral Rates among Patients with Ischemic Heart Disease," *Circulation* 136, no. suppl_1 [2017], DOI:10.1161/circ.136.suppl_1.19699.)

当懒惰不能为我们所用，本能也不能带来持久的改变时——当没有一次性的疫苗来治愈我们的病痛时，次优的解决方案就是养成一种习惯。养成良好的习惯需要在相似的提示下不断重复动作、不断演练，并在每次成功时奖励自己。

有一些新研究表明，我们可以将自己已有的习惯（比如早上喝一杯咖啡或去上班）与希望养成的新习惯（比如做俯卧撑或吃水果）联系起来。有一项小规模的新研究也带来了新的希望，当人们在刷牙后使用牙线而不是在刷牙前使用牙线时，他们养成使用牙线习惯的可能性更高。[35] 如果思考一下提示的力量，你就会发现，把牙刷放回杯子里就是拿起牙线的一个重要提示。新的习惯搭上了旧习惯的顺风车。

我也使用过这一策略。我刚成为妈妈的时候，生活太过忙乱，没法安排去健身房的时间。我意识到自己需要养成新的锻炼习惯，于是就在每天早晨洗漱的时候增加了一个 7 分钟的健身操，基本上天天都能落实。

将你希望养成的新习惯与生活中已经存在的其他习惯联系起来，在培养习惯的早期阶段特别重要，它能让你更容易养成新习惯。如果我们能够记录自己的表现，为成功而奖励自己，努力保持连贯性，并在习惯的养成中增加灵活性，那么无论什么障碍都不能阻碍我们继续前进。

牢记这些见解有利于我们扭转懒惰带来的负面影响。当你想要改变的时候，阻力最小的路径——有时确实是寻求改变的不利因素——反而可以成为一种优势。

– 本章小结 –

- 懒惰就是寻求阻力最小的路径的倾向，有可能会阻碍改变。

- 默认设置是指，在不主动选择另一个选项（如新计算机附带的标准出厂设置）时得到的结果。如果对默认设置有明智的选择（例如，将浏览器的主页设置为工作邮箱而不是脸书），你就可以将懒惰变成一种有利于改变的动力（例如，减少花费在社交媒体上的时间）。

- 习惯就像人类行为的默认设置。习惯让良好的行为成为本能的选择。在熟悉的环境中重复某一行为并因此获得奖励（无论是赞美、宽慰、愉悦还是现金），重复越多，你的反应越容易变成一种本能。

- 过于死板不利于养成好习惯。要让行为习惯有一定的灵活性，这样个人的反应才会更灵活。你会发现，即使在不理想的情况下，你也能做出更灵活的应对。总的来说，你会养成更有黏性、更持久的习惯。

- 记录你的行为可以促进习惯的养成。记录过程可以帮助你对抗遗忘，确保你能庆祝你的成功，并对你的失败负责。

- 注重连贯性。希望养成新习惯的行为一旦出现中断，人们为此付出的代价就会很大（例如，多次错过去健身房的时间）。

- 将新习惯与旧习惯联系起来有助于习惯的养成。把你希望养成的新习惯（比如做俯卧撑或吃水果）与已有的习惯（比如早上喝一杯咖啡或去上班）联系起来。

第五章 懒惰

How to
Change

第 六 章

信 心

2007 年，攻读博士学位期间，我走进导师马克斯·巴泽曼的办公室，耷拉着肩，神情低落，别人一眼就能看出我糟糕的心情。在马克斯的指导下，我花了两年时间完成的论文被某刊物退回，还赫然写着每个做学术的人最害怕的字眼——"退稿"。这一"审判"之后是 3 位专家的意见，一一指出我研究中的缺陷。我难过地叹了口气："估计是永远没法发表了。" [1]

　　我坐下来等待导师的意见，顺便环顾了一下办公室的环境。书架上摆放的旧期刊没有什么特别之处，倒是墙上一张长长的海报显示出这位学者的独特之处——上面罗列着马克斯的弟子们，好比"学术家谱"，这是他以前的一个学生在他 50 岁生日时送的礼物。马克斯的名字在最上端，接下来就是他指导过的学生，每一分支的第一位都是一位世界顶尖的学者，然后就是这些学者指导的弟子，以此类推。这个"家谱"里的成员现在已经是哈佛大学、哥伦比亚大学、纽约大学、斯坦福大学、杜克大学、康奈尔大学、加州大学洛杉矶分校、伯克利大学和西北大学等知名学府的教授了。（还有一点值得注意，在这个仍是男性主导的领域，马克斯的大部分学生都是女性。[1]）我曾经希望成为"家谱"中成功人士中的一员，但是面对眼前的重挫，这个想法好像已经不太现实了。

我已经做好了最坏的打算，我感觉马克斯会建议我直接把稿子撕掉，重新开始。没想到，他露出令人安心的笑容，靠在椅背上。

马克斯从容不迫又信心满满地表示，我的研究很有意义，一定会发表，只是需要再去试试。他说："接下来的48小时，尽你所能解决批评意见中的问题，然后投给另一家期刊。面对坏消息，最糟糕的选择就是等待。"

---

[1] 马克斯包容的指导方法在学术界已传为佳话，《成为理想的自己：好人如何对抗偏见》（*The Person You Mean to Be: How Good People Fight Bias*）一书对他进行了详细介绍（哈珀柯林斯出版集团，2018年）。

听完他的话，我有些震惊，但突然如释重负，我答应他马上回去修改。马克斯振奋地说："好样的！"

两年后，我来到沃顿商学院担任助理教授（当年的论文已经成功发表），那次让我重整旗鼓的对话已成为遥远的回忆。不过，为学生提供有用的意见仍然是我的工作重心之一，我渴望激发他们的潜能。很快我就发现一个突出问题：在博士入学第一年的早些时候，我身边的许多学生时常闷闷不乐，最终的成果也不理想。他们在申请入学的时候早已获得诸多推荐，取得了不错的学术成绩，对未来也充满希望。然而，一旦在新阶段的研究中遭遇批评，他们就变得越来越低落，很多人甚至一蹶不振。几年后，我发现这种现象在学术界很普遍。当时，刚刚公布的一项研究显示，在社会科学领域的顶尖学府中，学生的心理健康状况跟美国监狱中的囚犯差不多。[2]

我联系了马克斯，想看看他有没有什么锦囊妙计。如果能够学习到他指导学生的技巧，我一定能帮助更多沃顿商学院的学生成为学术界新星。在那封 2012 年的邮件[3]中我写道："我以一名计算机科学家的思维推测，您在多年的教学生涯中一定掌握了一些独特的算法或'经验法则'（以及一些无效的方法)。"

马克斯的回复十分谦逊，也让我有些失望。他感谢了我的赞美，却表示不能欣然接受，虽然他提供了一些意见，让很多博士研究生取得了更多成就，但那主要是因为优秀的学生主动找到了他。他说："我指导的学生有的很聪明，有的非常出色。"[4] 在马克斯看来，是学生本身的才华而不是他的建议成就了他辉煌的学生指导生涯。

我的导师竟然没有提出任何帮助我去指导学生的策略，我有些惊讶。于是我搜集了他曾经的建议，并根据自己的观察整理出一份最佳实践清单：马克斯总是在几小时内就回复邮件，而不是几天；他读论文很快，马上就能提出重要的修改意见；每周组织小组会议，让学生们互相分享他们的研究反馈；为访问学者举办晚宴，让学生们认识相关领域的佼佼者；举办博士生研讨会，详细分享学术研究的意义。上述每一项我都能做到，看来我应该也可以让博士研究生保持动力、实现他们的目标吧。

然而，当我与其他博士生导师有了更多接触后，我发现很多人都能做到上述我总结的方法。也就是说，我的总结其实并不是马克斯指导学生获得巨大成就的原因。

第六章 信心

我越来越困惑，难道真的是优秀的学生与马克斯有冥冥之中的缘分吗？在马克斯30年的学术生涯中，只有两位学生遭到他的拒绝。难道说在缺乏精心指导便难以成功的领域，几乎每一个马克斯的学生都拥有过人的天赋、自信和勇气吗？这不太可能。马克斯的指导一定还蕴含着其他重要因素。

希望得到建议？

设想你在参加家庭聚会，你正在和亲戚们聊天，突然，你3岁的孩子夺过了另一个小孩的玩具，还打了对方胳膊一下。你把孩子领到一边，让他自己冷静一下。这时表亲贝蒂把你拉到一边说："我觉得你应该有更好的处理方法。"然后她开始滔滔不绝地讲述应该怎样管孩子。这时的你是什么感觉？你大概不会特别感谢这位表亲的专业意见吧。你可能又气又累，谁会喜欢被人说教呢？

颇具讽刺意味的是，虽然我们都知道这种不请自来的意见让人讨厌，但是大部分人其实都做过和贝蒂相似的事情。

当看到某人为了完成某事而苦苦挣扎时，很多人都会提出自己的意见。人们总是认为，给予他人意见是合理的事情，无论对方有没有这种需求。

几年前，我遇到一名研究生，他提出了自己的猜想，人们可能做了本末倒置的事情。洛朗·埃斯克雷斯－温克勒参加过很多钢琴比赛，也是常春藤盟校的毕业生。她取得了很多成就，同时她发现身边有那么多才华横溢的同龄人却无法达成他们的目标，为此她感到很困惑。作为心理学专业的博士研究生，她希望探究成功人士与普通人的差别到底在哪里。[5] 为了搜集数据，她采访了苦于无法实现目标的各类人群，比如努力存钱、减肥、找工作、管理情绪的美国人。[6] 她还采访了美国家庭人寿保险公司的员工（这家公司因其古怪的鸭子广告而闻名），采访了费城、新泽西还有马其顿的高中生。在采访中，她询问每个人在工作、家庭或学业中激励自己取得成功的因素是什么。

通过分析数据，她有了意外发现：当谈论如何取得成功时，人们总有很多不错的想法。聊到如何改善自己的境况，即使是那些业绩不佳的销售、后进生、无业人士、花钱大手大脚的人，也能够提出很多有效的方法。比如，为了提升成

第六章 信心

绩，学生们提出了各种建议，有的比较普通（在学习时关掉手机），有的颇具创意（在作业下面放一颗糖，做完了就可以吃掉它）。那些总是存不下钱的人也知道，"不要用信用卡付款"。想找工作的人表示，应该经常更新简历且随身携带。几乎所有人都知道应该如何解决自己的问题，只是他们就是不这么做。

洛朗猜测，人们没有行动并不是因为缺乏相关知识，而是因为自我怀疑——著名的斯坦福大学心理学家阿尔伯特·班杜拉称其为"缺乏自我效能"。[7]自我效能指的是一个人是否对控制个人行为、动机和周围环境的能力有信心。[8]我在前几章讨论过人总是容易过度自信，以及它如何妨碍我们实现目标。但是，也存在相反的问题，有的人在实现目标的过程中会因缺乏安全感而备受困扰。事实上，缺乏自我效能甚至会阻碍人们设定目标。

你可能马上联想到自己生活中的例子——有时候你（或者你认识的人）因为手头的任务似乎太艰巨了而没有完全发挥出潜力。可能你是一名长跑运动员，但从未参加过马拉松比赛，因为你觉得自己不够健壮，可能无法跑完26.2英里。可能你的一位同事从来不敢在会议上发言，因为她觉得大家不会重视她的意见。

研究证实了一个显而易见的事实：当不相信自己有能力改变时，我们就不会在改变中取得很大的进步。[9]一项研究表明，在试图减肥时，那些对改变饮食和锻炼习惯更有信心的人，成功的概率更大。[10]另外一项针对科学与工程专业本科生的研究发现，自我效能越高的学生成绩越好，退学的概率越小。[11]

当然，有些目标对大部分人来说确实遥不可及，比如成为下一个托妮·莫里森、玛丽·居里或者比尔·盖茨。但是，大部分人在面对比较现实的目标时，比如在学习一门新语言或加强身体锻炼时却步履维艰。在面对挫折时，我们如何获得信心勇往直前，如何帮助他人在相似的情况下树立信心，解决这些问题也许能够推动人们做出改变。

认识到这一点之后，洛朗提出了一个创新性的想法。我们常常认为，他人无法做出改变是因为缺乏相关信息，所以我们提出自己的意见来弥补这一认知差。但是，如果问题的真正原因是缺乏自信呢？那么不请自来的意见是不是会让情况变得更糟？

作为心理学家，洛朗知道，人们总能很快地从他人的行为中推断出隐含的信息，哪怕这些信息并不是他人的本意。[12]她意识到，人们在提出建议的时候，无意间传递的信息就是"我觉得你无法靠自己取得成功"，这意味着，我们认为对方的情况很糟糕，也许自己两三分钟的建议就能比他们自己尝试的经验更有价值。洛朗提出了新想法：如果我们把剧情颠倒过来会怎样呢？

也就是说，如果提供建议会破坏他人的自信，那就把需要建议的人变成提供建议的人。鼓励他人分享自己的见解，让他们感觉自己有智慧、有能力帮助别人，能够成为榜样，也能够取得成功。也就是说，我们要展示出对他们的信心。从理论上讲，要求一个人为他人写下几句指导性的话，可能会让这个人增加实现自己目标的信心。

洛朗对那些未能实现自己目标的美国人进行了一轮又一轮的研究。有些人在努力存钱，有些人在努力控制自己的脾气、健身或寻找新工作。经过不断分析，她总结出两点。第一，当被直接询问时，大多数人认为接受建议比提供建议更能获得动力，正因如此，世界上才有那么多不请自来的建议。[13]但是，洛朗对这种观点进行了严格的验证，发现它根本不符合现实。正如她一开始想的那样，让想要实现目标的人提供建议，他们更有可能充满动力。

当然，动力可能不足以改变行为。洛朗的想法可能也无法帮助人们实现目标，不过考虑到其潜力，它还是值得我们去验证的。2018年冬天，我和洛朗、安杰拉·达克沃思以及德娜·格罗梅进行了一项大规模实验，旨在帮助学生实现学业目标。[14]

实验选在了新学期开学后不久的一天。那一天，佛罗里达州7所高中的学生和老师一起进入计算机实验室。有些学生只是填写了简单的电子问卷，还有一部分学生则参加了一项特殊活动。这些学生和其他同学一样，在学校里总是在接受他人的建议——"上课要专心""考试前多做练习题""按时交作业"。但是在这一天，他们成了提供建议的人。

这些幸运的学生被邀请参加一个10分钟的在线调查，向低年级的学生提供指导，他们会被问一些问题，包括："什么方法可以帮助你避免拖延？""去哪里学习比较容易集中注意力？""有什么提升学习成绩的建议？"

实验结束后，大家又回到原来的学习生活中。到了学期末，我们下载了学生告诉我们对他们来说最重要的课程的成

第六章 信心

绩，以及他们的数学成绩（安杰拉说，学生们宁愿吃西兰花也不想做数学作业！），结果如何呢？我们的策略奏效啦！那些被要求提供建议的学生取得了更好的成绩。

需要明确的是，提供建议的策略并不会让后进生突然变成年级第一，但是它确实从整体上提升了各层次高中生的表现。无论是尖子生还是后进生，无论是贫困家庭的学生还是富裕家庭的学生，在向同龄人提供建议后，他们的成绩都有了小幅提升。

有趣的是，我们还听说，提供建议让学生们感到很快乐。参加实验的高中生告诉自己的老师，他们从未被问及对这些问题的见解，其实他们很愿意分享，而且期待着再举办类似的活动。

洛朗不断思考提供建议的力量，对研究结果的分析让她有了更多领悟。她认识到，当被要求提供建议时，他们获得的信息是，人们对他们有更大的期待，这提升了他们的信心。在亲身经历的采访中，洛朗发现，大家在面对这些问题时就算没有太多时间思考，也能提供有用的见解，因为他们也在努力实现这些目标。回想一下，她从表现不佳的销售人员、后进生和其他奋斗者那里获得了不少好建议。

掌控改变

这就是给予他人建议往往会帮助自己的一个关键原因。还有一个原因是，人们往往会根据个人经验来调整给出的建议。比如，你如果问素食主义者节食的问题，对方就会提供素食方面的建议。你如果问企业高管关于健身的问题，对方就会推荐一种如何在忙碌的工作中高效健身的方法。简言之，当被问及指导意见时，人们总是会提出自己认为有用的方法。而且，在向他人提供建议之后，如果自己不去尝试，人们就会感到自己很虚伪。在心理学上，这叫"说出即相信效应"。[15] 由于认知失调，一旦说出某些话，人们就更愿意相信这些话。

对个人的成功来说，给予建议可能比接受建议更重要，关于这个理念，传奇鼓手麦克·曼格尼深有体会。[16] 2019 年，他做客我的播客节目，谈到了自己是如何培养信心并最终成名的。现在，麦克已经是世界知名前卫金属乐队梦剧院的鼓手，但是这一路他走得异常艰辛。20 世纪 80 年代，他的主业是软件工程师，他只能挤出晚上和周末的时间拼命练习打鼓，虽然梦想着在音乐上成就一番大事业，但是实现目标的希望很渺茫。

后来，事情有了转机。其他鼓手和麦克在同一场地练习，他们开始去麦克家向他请教如何打鼓。面对他们的询问，麦克突然有了信心。如果那么多人都认为他有天赋，他就确实有。麦克辞去了工作，开始全身心练习打鼓。现在，他已经成为业界最知名的鼓手之一。在他看来，别人请他提供建议是他获得成功的重要原因。

不过，有人可能会问，如果没人征求我的建议呢？如果成功取决于他人的行动，自己无法控制，即被他人征求建议，那洛朗的研究发现对个人的改变还有意义吗？

答案是肯定的，我们依然能够找到方法来获取提供建议的积极力量。其中一种方法就是组织"建议小组"，大家定期聚会，相互咨询，相互帮助。我知道这个方法很有效，因为早在洛朗进行此项实验之前，我就利用了这个方法。

早在 2015 年，我就在卡内基梅隆大学经济学家琳达·巴布科克的研究中发现，女性往往会承担过多的办公室杂务，比如策划假日派对、做会议记录、在各种委员会中任职。[17]（无论在哪个行业和文化背景中都是如此。）为了摆脱这样的问题，琳达和 4 位女性同事专门建了一个小组，帮助彼此大胆回绝某些要求。我觉得这个方法很好，于是就邀请莫杜佩·阿基诺拉和多莉·楚格两位同事和我组建了一个小组。我们彼此承诺，无论何时，只要被邀请做一些与教学和科研无关的十分耗时的工作，我们就要帮助彼此应对困难。现在，只要有人要求我们三人中的一人发表演讲、写博文或者接受采访，我们就会举办"说不俱乐部"小组会议，讨论这个安排是否值得花时间，如果不值得，该如何礼貌并坚定地拒绝。

我从这个小组中获得的建议是无价的，但是我也从自己提供的建议中获益匪浅。在帮助同事做出决策的过程中，我的自信心得以增强，我对什么时候说"不"有了更好的判断。随着时间的推移，我对小组的依赖程度逐渐降低。另外，我也受益于"说出即相信效应"。因为我鼓励同事不要在自己专业领域之外的演讲上浪费宝贵的时间，所以，当面对类似的邀请时，如果不拒绝，我就会觉得自己非常可笑。

你也可以考虑和那些正在努力实现与你相似目标的朋友建立小组。提供（对方要求）或接受建议的过程，能够让你们增加对彼此的信心，有助于你们发现解决问题的新思路。还有一个简单的方法，那就是在面临挑战的时候问问自己："如果我的朋友或同事面对同样的问题，我会提供怎样的建议?"采用这种方法可以帮助你以更大的信心和更明智的态度处理同样的问题。

如果你是一名管理人员,让表现不佳的员工承担指导任务似乎有违常理。但是,这可能真的会提升他们的表现。在很多帮助人们实现长期改变的项目中,比如戒酒无名会(AA),其成员会相互提供指导。每个新加入戒酒无名会的成员都会与一名老成员"担保人"成为搭档,但是"担保人"不仅仅是帮助新成员戒除酒瘾。洛朗的研究显示,成为"担保人"也能增加其自身信心,让他维持戒酒状态。[18]不仅如此,认真思考远离酒精的方法不仅能为他人提供更负责的指导,也能够增强自己戒酒的决心。公司和学校的指导项目也有这种双重目的,不管在设计时人们是否考虑到这些额外的好处。[19]

再回头看我的博士生导师马克斯·巴泽曼的经历,我认识到,他其实早就理解了,至少是直觉上认识到提供建议的力量。当然,如果学生问马克斯有何建议,他总是会给出清晰明确的答复。但是,他提供的建议很少,他的建议很少是主动提出的(除非他觉得学生没有意识到眼前出现了一个重要的机会)。很多时候,他会鼓励学生分享他们的想法。而且，他总是鼓励高年级博士生指导新入学的同门，相信大家现在都能看出来，这对新生老生都有很大的帮助。

我从洛朗的研究中发现，指导学生是一条双行道，我们可以从中获得推动改变的新方法。另外，洛朗也让我认识到，当与试图改变的人互动时，我们一定要对自己传递的潜在信息保持谨慎。这一视角让洛朗认识到，不请自来的建议常常被理解为批评，但是在其他研究中，这种见解更具启发性。

乐观的预期

2004 年中的一天，在美国波士顿以及科罗拉多，84 名酒店管家上班了，他们像往常一样开始打扫十几个房间，拆被罩、换被罩，吸尘，擦洗浴室水槽、浴缸、地面和马桶，更换毛巾、沐浴液和洗发水。不过，他们的工作流程发生了一个小变化。在完成日常工作后，他们去测了体重、身高、血压，每个人都填写了一系列问卷。他们参加了一项由心理学家阿利娅·克鲁姆及其导师埃伦·兰格组织的研究。

管家们都是自愿参加该项研究的，他们知道研究与自身健康有关，但是他们并不知道研究人员此次要验证的假说。[20] 阿利娅和埃伦不仅要了解管家们的健康状况，两个人还希望探究他们的期待是如何带来改变的。

研究人员与一半的管家分享了一条关键信息——他们通过自己的工作，已经完成了健康专家所建议的每日运动量。另外一半管家并没有获得这一信息。

4周后，阿利娅和埃伦再次进行追踪调查，他们有了新发现。尽管参与研究的所有管家都没有改变工作习惯——也没有在工作之余进行其他锻炼或者增加工作量，但是获得了相关健康信息的管家，平均体重下降了2磅，血压也下降了，而且他们感觉自己的运动量比平时有所增加。另一组管家的健康状况基本上没有变化。

两组管家都没有改变日常行为，为什么有些人健康状况得到提升，有些人却没有呢？答案很简单又很微妙。部分管家知道自己的工作能够改善健康，因此改变了看待工作的视角，从而改变了对工作的态度以及方式。突然，抬床垫不再仅仅是一项任务，也是一项运动，吸尘、擦窗户也是如此。因为知道工作能够让自己保持健康状态，他们的工作体验发生了变化，在每个燃烧卡路里的动作中，他们都更有活力和热情。

这项研究的发现很简单也很深刻：预期决定结果。

有鉴于此，心理学家在过去 50 年里最具影响力的发现之一可以总结为一句话：我们对事物的看法会影响事物本身。大家现在已经知道，相信糖丸（实际上没有任何药效）有治疗效果真的能缓解疾病[21]，在公开演讲时把紧张情绪理解为兴奋而不是焦虑会让你表现更好[22]，坚信他人对你在考试中的表现抱有期待会提高你的分数[23]。

这背后的原因是什么？阿利娅·克鲁姆等科学家已经给出了答案。他们通过实验证明，人们的预期会影响实际发生的事情，有四个原因。[24]

第一，我们的信念可以改变我们的情绪。积极的预期往往会带来积极的情绪，这有很多生理上的好处，比如缓解压力、降低血压。[25]这也会影响接下来发生的事情。

第二，我们的信念会引导注意力。在酒店管家的案例中，如果开始注意自己的工作和身体锻炼的相似之处，他们就更有可能以积极的心态面对身体的疲累，继续坚持完成工作。

第三，有证据表明，信念可以改变动机。再回到酒店管

第六章 信心

家的案例，当知道工作其实是改善健康的机会时，他们在工作中进行高质量锻炼的积极性就会提高。

第四，信念也会直接影响我们的生理——不仅仅是通过情绪。阿利娅和另一队研究人员进行了新的实验，分别在两个聚会上给人们提供相同的奶昔，其中一组被告知喝的是高脂肪高热量奶昔，另一组被告知喝的是低脂肪低热量的奶昔。结果发现，前一组参与者认为自己的饮料热量很高，于是身体分泌了更多激发饥饿感的脑肠肽。[26] 不同的信念改变了身体对同一饮品的生理反应。①

信念可以改变情绪、注意力、动机和生理反应，对我们的人生经历产生极大的影响。

我最喜欢的一个案例来自伯克利分校的数学博士生乔治·丹齐克。[27] 据说，1939 年的一天，乔治上统计学课迟到了，黑板上留了两道题，他以为是家庭作业，于是就抄下来打算晚上做好。结果，乔治发现这两道题特别难，几天

① 随后的一项研究表明，将压力描述为积极信号（而非消极信号）会改变人们应对压力事件的生理反应，增加调节压力的激素的分泌。（Alia J. Crum et al., "The Role of Stress Mindset in Shaping Cognitive, Emotional, and Physiological Responses to Challenging and Threatening Stress," *Anxiety, Stress & Coping* 30, no. 4 [2017]: 379 - 95, DOI:10.1080/10615806.2016.1275585.）

之后才解出来，交作业的时候他还向教授表示了歉意。没过多久，教授兴高采烈地找到乔治。原来，乔治以为早有答案的两道作业其实是统计学理论中"解不开"的开放性问题，而他真的解开了。

如果意识到世界上最出色的数学家都被这两道题难住了，乔治就不可能找到自己的解题方法。迟到这一意外事件让他取得了非同寻常的成就，也改变了他的人生轨迹，后来他成为斯坦福大学教授，在学术生涯中又有了更多重大发现。

乔治认为自己理应找到作业的答案，所以他做到了。酒店管家将工作看成锻炼，所以他们的健康状况得到了改善。当涉及行为转变时，如何看待自己的能力至关重要。

当然，我们的信念也不是凭空产生的。身边的人会给予我们反馈，强化某些观点，会影响我们对自己能力的认知。

在我看来，马克斯·巴泽曼的指导模式就存在这个关键因素。早在我询问他如何指导学生时，他就已经提到了，只是我没有反应过来。

第六章 信心

马克斯认为，学生取得成功是很自然的事，他没有什么特殊功劳。他的学生很特别。当我写邮件询问他指导学生的秘诀时，他解释说，他的学生要么很聪明，要么非常出色。我意识到，他对学生坚定不移的信心其实就是他指导策略的基石。

对马克斯的学生来说，在面临任何竞争性职业生涯中不可避免的挑战时，想到导师对自己拥有坚定的信心，他们很少会像其他博士生那样陷入自我怀疑。在二十几岁的时候，除了父母的爱，没有什么比导师坚定地认为我能成功更让我有安全感了。马克斯对所有学生都表明了这样的信心，他知道我们会取得成功。果然，我们做到了！

从那以后我认识到，很多伟大的领导者都有着同样的信念，即团队成员一定会发展得很好。通用电气的传奇首席执行官杰克·韦尔奇带领企业实现了数十年的卓越业绩，他就特别注重开发员工的领导力，也相信他们有能力不断提升自己。[28]体育界许多著名教练也有着同样的理念。2014年，皮特·卡罗尔带领西雅图海鹰队在超级碗中夺冠[29]，他一直以来就对队员充满信心，相信他们必定有更好的表现。

不过，我们也不可能总是那么幸运，随时有人为我们鼓劲儿加油，说服我们努力实现目标。我们也不可能每个人都有一个随叫随到的啦啦队队员。那该怎么办？我们怎样才能克服人生中不可避免、伴随着挑战而出现的自我怀疑？

走出失败的阴影

在追求目标的时候，人们很容易气馁。一个有趣的现象被总结为"管他呢效应"[30]，研究证明，即便是程度轻微的失败，比如少摄入几卡路里的日常饮食目标，也会导致行为的恶性循环，比如吃掉一整个苹果派。这听起来很平常，假设你早上起床没多久就屈服于诱惑（比如，在早间会议上吃了一个甜甜圈），很快你就会觉得，"管他呢，今天已经搞糟了，那就这样吧"。小小的错误会打击你的自信，让你丧失成功的信念。不幸的是，目标越远大，发生这种小错误的概率越大。

我在沃顿商学院的同事玛丽莎·谢里夫有一个巧妙的方法可以避免上述效应，即使在计划偏离正轨的时候，她也能保持自信。

十几年来，玛丽莎一直坚持每天跑步，这有助于她保持健康状态，并应对快节奏的生活步调和职场压力。她早就认识到，"管他呢效应"可能会影响她所坚持的目标，一天不跑可能会导致好几天不跑，最终她会完全放弃。为了避免此类情况发生，她想了一个好办法，每周给自己两次处理紧急事件的机会[31]，因为她知道，有些早上她确实没法去跑步。① 有时是因为前一天晚餐吃得太晚了，有时是因为出差在路上，有时只是没有力气跑步。如果实在挤不出时间，她就给自己两次"偷懒"的机会，这种灵活的安排让她能更好地保持跑步习惯（和前文费尔南多的健身安排有些相似）。

从表面上看，玛丽莎似乎会受到诱惑，每周都使用这两次"偷懒机会"，但实际情况恰好相反。大多数时候，她从不使用这个机会。她说，每周刚开始时她总是想办法坚持锻炼，以防之后出现重要的事情需要使用"偷懒机会"，但是很少会出现这种情况，所以她都是坚持跑完一周。

---

① 在高尔夫球的业余比赛中，很多球手会允许对方在第一杆失误的时候补打第二杆而且不扣分，在正式比赛中这当然是违规的。这种不受惩罚的第二次尝试的理念其实也是很多流行游戏的组成部分，比如《万智牌》《宝可梦》等。

玛丽莎最终意识到，也许，只是也许，自己的这种能把小失败引发的自我怀疑扼杀在萌芽状态的方法，能够帮助更多人更好地实现他们的目标。毕竟，如果在遇到挫折的时候有机会再来一次，或许我们就能避免信心危机。

为了验证自己的策略是否有效，是否普遍适用，玛丽莎与一位合作者设计了一项涉及数百名参与者的实验。[32] 在实验中，参与者需要每天访问一个网站，并完成 35 个有些烦人的小任务（就是网上那些"证明你是人类"的验证码测试），持续一周可获得 1 美元。参与者被分成若干组：第一组需要每周每天都完成任务目标；第二组一周之内只需 5 天完成任务目标；第三组拥有"偷懒机会"，需要每天完成任务，但是如果遇到紧急情况有两次缺席任务的机会。每个人都知道，在完成 5 周的任务之后他们可以获得 5 美金奖励。

实验结果证明，"偷懒机会"非常重要，第三组有 53% 的人完成了目标，第二组（客观上与第三组难度一致）的完成率仅为 26%，第一组则为 21%。

研究凸显了为意外情况留出余地的重要性。正因如此，很多改善健康状况的项目都会纳入此类策略，比如"目标缓冲"和"欺骗餐"，从而在小错误中保护好人们的自信心。[①]

这种思路和上一章提到的具有弹性的习惯相似。在做出改变的时候，我们应该为意外情况留出余地，避免计划过度僵化，从而影响自己取得成功。这种方法能让你的自信从偶尔不可避免的失败中恢复过来。

在改变的过程中，我们需要为不可避免的失望做好准备，还有一个方法就是要合理定义失败。事实证明，我们解释失败的方式与未来的成功有很大关系。[33]斯坦福大学的卡罗尔·德韦克教授在这方面的研究让其赢得了无数赞誉。她在学生群体和成年人群体中进行了数十项研究，证明了拥有"成长型思维"[34]——相信包括智商在内的各种能力并非一成不变，努力也会影响个人的潜力——对成功有着重要影响。那些认为自己生来就有一成不变的能力的人，很有可能成为

---

① 例如，慧优体公司（WW）建立了一个智能点系统，根据营养价值对食物进行评级。使用 WW 计划的人，可以根据个人健康目标，每天使用一定数量的智能点。该计划的开发团队知道，人无完人，所以他们特意增加了一个"缓冲区"来应对紧急情况。（"Starter Guide: Everything You Need to Know about SmartPoints," WW, accessed October 5, 2020, www.weightwatchers.com/us/how–it–works/smartpoints.）

失败主义的牺牲品，他们不会投入足够的精力从失败中学习、成长。但我们当中那些视自己一直在成长、有能力做出改变的人，在面对挫折的时候会投入更大的精力，他们敢于面对挑战，从失败中学习，最终会取得更大的成就。

而且，思维不是一成不变的。我们可以通过类似于玛丽莎那样的技巧，在面对挫折时减轻对自己的苛责，这样我们就可以改变解读失败的方式。

卡罗尔·德韦克的门生，得克萨斯大学的心理学家戴维·耶格尔与合作者进行了相关研究，研究人员向高中生和大学新生传授失败是一种学习经历的理念，告诉他们，通过努力，他们可以在任何领域丰富自己的智慧。在一项研究中，数千名高中新生收到这个鼓舞人心的消息，并从速成课程中学到了如何培养自己的成长型思维。[35] 那一年，在参加这门课程之前排名垫底的学生的平均成绩有了显著提升。不仅如此，参加这门课程的学生不论过去成绩优秀与否，他们后期选修高等数学课程的概率都更大。因为他们学会了更好地应对挫折，也更有自信应对复杂的代数和几何、三角函数和微积分，这为他们提供了更广阔的学习渠道。

值得庆幸的是，不仅仅是学生可以学习以积极的态度看待失败。事实证明，发展一种成长型思维在众多情境中也有积极作用。[36] 比如，可以让学生在模拟商业实践中做出更合理的决策，还可以让以色列人和巴勒斯坦人相互理解，看到更有成效地解决冲突的前景。[37]

斯坦福大学心理学家克劳德·斯蒂尔在 20 世纪 80 年代进行了一项相关研究，证明自我肯定——专注于让我们感到成功或自豪的个人经历——能够增强我们面对威胁时的韧性。[38] 自我肯定的练习能够帮助被污名化的群体提升决策质量。[①][39]

当我们追求一个远大的目标时，失望是不可避免的，当感到灰心丧气的时候，我们很容易就会放弃。因此，我们要为自己留下出错的余地，不要让其成为我们整体表现中的污点。为可能的失败做好准备，专注于成功的经验，我们就可以更好地克服自我怀疑，培养韧性，这不仅仅是为了更好地

---

① 例如，研究表明，贫困群体时常遭到污名化，被认为能力低下，普遍不受尊重，这会导致他们认知能力下降。自我肯定可以减少这些不利因素的影响。（Susan Fiske, *Envy Up, Scorn Down: How Status Divides Us* [New York: Russell Sage Foundation, 2011]; H. R. Kerbo, "The Stigma of Welfare and a Passive Poor," *Sociology and Social Research* 60, no. 2 [1976]: 173－187; A. Mani et al., "Poverty Impedes Cognitive Function," *Science* 341, no. 6149 [2013]: 976－80, DOI:10.1126/science.1238041; and Crystal C. Hall, Jiaying Zhao, and Eldar Shafir, "Self–Affirmation Among the Poor: Cognitive and Behavioral Implications," *Psychological Science* 25, no. 2 [2013]: 619－25, DOI:10.1177/0956797613510949.）

应对眼前的问题，更是为长远的改变奠定基础。

自信的重要性

行为科学爱好者可能会觉得奇怪，我竟然用了一整章来讨论如何建立自信。毕竟，人类更容易出现过度自信的倾向，更容易高估自己的能力、智力和修养，过度自信是人类最顽固、最危险的偏见之一。前文也讨论过这个问题。诺贝尔奖获得者丹尼尔·卡尼曼被誉为行为经济学的开创者之一，他说过，如果能用魔法消除一种偏见，他最想消除的就是过度自信。[40]

然而，正如过度自信可能会带来问题一样，研究人员怀疑，我们中的很多人过度自信是因为在追求伟大目标的过程中相信自己绝对是至关重要的。从进化的角度来说，轻微的过度自信可能会带来更好的结果。假设在一场面试中，两位求职者的简历一样，技能都属于一般水平，一位求职者表示希望成为一般人，另一位表示希望成为优秀的人，你会选择谁？答案很明显，大家都会选择那位自信的求职者。

虽然这可能不是最明智的选择（毕竟如果这个人是个自大狂，其他同事可就要遭殃了），但是，自信的求职者让人相信他们有能力面对失败，这能让面试官更安心。

过度自信既能帮助也可能会危及追求目标的拼搏者，而不自信必然会阻碍人们取得成功，所以这才是我们要解决的关键问题。我们从身边获得的信号会塑造我们的信念，因此，我们应该让身边围绕着能让我们相信自己的潜力，支持我们成长的人。而且，当我们希望帮助他人做出改变时，我们也应该为他人提供同样的支持和鼓励。

洛朗的研究表明，不请自来的建议（传递出认为对方缺乏这方面信息的信号）会降低人们成功的概率。而要求人们提供建议（传递出信任对方能力的信号），可以提升人们成功的概率。洛朗的研究表明，在追求目标的过程中，将自己放在顾问的位置上非常重要。

除了给出或征求建议，还有其他方式也可以传递我们对他人的看法。当人们依照消极的刻板印象行事时，比如，在会议中让男性做数据统计，让女性做会议记录（暗示"男性更擅长数学"，"女性更擅长办公杂事"），我们就会传递出谁有能力取得成功的信息。

掌 控 改 变

研究表明，赞扬他人的方式也会对自信产生不同影响。[41] 如果一个人因"天赋"而受到称赞，那么他很可能会形成一种固定型思维，觉得失败就是自身能力的真实反应并接受失败。但是，如果一个人因努力而受到称赞，他自然会知道一分耕耘一分收获。因此，下次当你的员工辛辛苦苦终于写出好文案时，你千万不要说"神来之笔"，换成"慢工出细活"可能更好。

这些小信号也会带来很大的不同，所以当追求改变时，我们要记住，自信是关键。没有人能够在不经历挫折的情况下取得重大突破，关键在于我们如何应对。通过将自己与支持者联系在一起，把自己放在建议提供者的位置上，让自己摆脱小的失败，并认识到挫折能帮助我们成长，我们就可以克服自我怀疑。俗话说，"相信自己能做到，你就成功了一半"。

– 本章小结 –

● 自我怀疑会阻挡你追求目标的脚步，甚至从一开始就会影响你设定目标。

- 不请自来的建议会打击别人的自信。让人们提供建议有助于他们建立自信，帮助他们审慎思考实现目标的策略。提供建议也可以帮助我们行动，因为建议他人去做的事情自己不去做会让人觉得我们很虚伪。

- 与拥有相似目标的朋友或同事建立小组，或者成为他人的导师。通过给别人（对方主动要求）提供建议，你可以增强自己的信心，也可以发现对你的人生有助益的新想法。

- 人的预期会对结果产生影响。因此，向人们表示你相信他们的潜力，并让你处在传递出同样的积极信号的人之中。

- 设定长远的目标（比如每天锻炼），但是要给自己留出应急的余地（比如每周可以休息两天）。该策略有助于你保持自信，同时让你在遇到偶尔的、不可避免的挫败时也能回到正轨。

- 培养一种"成长型思维"——认识到包括智力在内的各方面能力都不是与生俱来、一成不变的，努力会影响一个人的潜力——可以帮助你更好地从挫折中恢复过来。你也可以帮助别人培养成长型思维。

- 关注那些让你有成就感或自豪的个人经历。这种自我肯定会让你更加坚忍不拔，有助于你克服自我怀疑。

How to
Change

第七章

榜样

1991 年夏天，斯科特·卡雷尔成为美国空军学院的大一新生。当步入科罗拉多州分校时，他和大多数新生一样，焦虑的情绪涌上心头。[1]上高中时，斯科特一直是尖子生，他希望自己在大学里也能保持优秀。但是，美国空军学院是全球最严格的军事院校之一，他不确定自己是否有能力在此脱颖而出。

　　不过，斯科特觉得自己在新生中有一个特殊优势——他和双胞胎兄弟在艰难的时刻能够相互扶持。在他想象的新生生活中，兄弟俩会一起在运动场上奋力奔跑，一起交朋友，一起备战最严格的考试。然而，他的幻想很快就破灭了。入学后不久，斯科特和他的兄弟里奇被分配到两个不同的 30 人中队，他们的一日三餐、生活学习都将在各自的中队里度过。

学校规定，大一新生不得进入其他中队的营地，除了上课或者参加体育比赛，其余时间不得离开中队营地。如此一来，斯科特很少能见到里奇，很快他就觉得自己处于无助的状态。他告诉我："当时如果有话要说，我们俩就得等到周日在教堂见面，或者等到周日足球训练的时候。"

当两兄弟终于有机会聊天的时候——通常是在图书馆预先安排好的会面，斯科特得到了一些不开心的消息。在高中时，斯科特比里奇更优秀一些，现在，里奇突然在学业上超过了他，这让斯科特大为吃惊。他回忆说："他们当时希望里奇去读物理专业。我就想，'怎么可能啊，一直以来都是我更聪明啊'。"

当然，斯科特最终也取得了不错的成就——获得了经济学博士学位。但多年后，作为一名研究学术成就驱动因素的经济学家，斯科特很好奇自己的兄弟能在大学第一年突然变得非常优秀，中队的其他成员对他是否有影响？斯科特开始阅读经济学和心理学领域的文献，探索同伴如何影响人们的决策。也许空军学院的同伴确实带来了重要影响，毕竟中队的凝聚力不可小觑。

第七章 榜样

为什么人们接受规训

　　每年到了 2 月，我的沃顿商学院 MBA 课程会有一堂课突然爆发出 20 多岁年轻人的欢呼声。这些成年人从座位上一跃而起，欢乐地高声呼喊，仿佛置身于狂欢节游行。有时我都担心学校保安会过来查看发生了什么事。

　　当然没有。学生们的行为正回应了我在课前一晚邮件中发送的指示。每一年，我都会在开课前一天的晚上向学生发送邮件，表示第二天课件中有一页会出现学院院长的图片，当看到图片时，请大家热烈鼓掌。但是，有 3 名同学不会收到邮件，我也在邮件中提示大家不要转发或者讨论。我的计划就是，看看那 3 位没有收到邮件的同学在看到大家鼓掌时有何反应。他们会一脸茫然地看着，还是一起鼓掌？

　　也许你已经猜到了结局。虽然每年的情况都有些微差异，但是大部分没收到邮件的学生都是先顿了一下，然后跟着其他同学一起鼓掌。

　　作为老师，我早就开始暗中观察那些"特殊"的同学了，每次大家安静下来之后，我会叫其中的一位站起来。

　　我会问："你能说说自己为什么鼓掌吗？"在瞪大了眼

睛犹豫了一小会儿之后（突然被点到名字确实让人慌张），他们的回答几乎是一致的："大家都在鼓掌，所以我也鼓了。"他们可能觉得我会接受这个解释，然后进入课程的下一环节。

当然不会。我会让他们再思考一下，如果他们穿着牛仔裤去参加一个聚会，发现所有人都穿着礼服，这时他们会有什么感受？学生们最常见的回答有"极度不适""被羞辱""惭愧"等等。这些回答解释了那些没有收到邮件的学生为什么会鼓掌：当发现自己与所处群体的其他人不一样时，人们会产生格格不入的不适感。

接着我会问学生们第二个问题："想象一下，你身处一个礼堂，很多人开始向消防通道跑，你会怎么做？"答案显然是："跟着跑！"不过这次从众行为的原因与上面的不一样。没有人觉得自己不够合群所以跟着跑，而是他们猜测别人看到了自己未曾注意的危险信号。有时候，其他人的决策会带来重要信息（比如，在这个案例中，重要信息就是"有危险"，在鼓掌的案例中，重要信息是"我可能错过了什么学校新闻"）。

社会规范会给我们带来压力，让我们在有意识或无意识

第七章 榜样

的情况下顺势而为，从而避免社交焦虑，享受"合群"的感觉。[2]同时，社会规范也会告诉人们顺从时所获得的"回报"（比如可以规避危险）。

作为加利福尼亚大学戴维斯分校的经济学教授，斯科特接触了大量关于群体行为影响的研究。他不禁好奇，在美国空军学院读大一的时候，同胞兄弟在学术上超越了自己，是不是这些规律在发挥作用呢？

他现在也在美国空军学院担任客座教授，深知中队生活对大一新生的意义——那就是他们的全世界。他也知道，中队虽然发挥着重要作用，但是成员都是随机抽签被选中的，也就是说，他的母校无意间创造了一个关于群体行为影响的天然实验室。

斯科特很好奇，这是否能解答自己多年来的疑问，他希望能研究一下随机分配的中队成员到底给彼此带来了什么影响。里奇是因为和高手们相处所以提升了成绩吗？斯科特已经掌握了关于群体行为影响的大量信息，他猜测中队成员的成绩会对彼此产生一定的影响，正如MBA课堂上学生们跟着一起鼓掌那样。首先，如果中队里的每个人学习都很刻苦，成绩都很优秀，你自己不努力、成绩差就会显得不合群。其次，中队成员提供的重要信息就是，混日子没有好结果。

为了检验关于同伴影响力的猜想，斯科特与一个团队合作，搜集分析了美国空军学院3年中大约3 500名大一新生的成绩。[①3] 他发现，中队的美国高中毕业生学术能力水平考试阅读分数每增加100分，中队成员第一年的平均学分绩点（GPA）就会上升0.4分（4.0为满分），这0.4分就决定了成绩到底是A–还是B或B+了！因此，随机分配的结果可能真的会对大一新生产生影响。这可能就是里奇学业突飞猛进的原因！

斯科特的发现表明，当你希望实现一个远大的目标时，拥有一个好伙伴是多么重要，而拥有一个成就不高的伙伴是多么有害。越来越多的证据表明，与他人长时间相处会对你的行为产生深远影响，而且很多时候你都没有意识到。比如，有一项研究显示，当你的众多同伴参加了退休储蓄小组时，溢出效应就会出现——不仅这些人的退休储蓄会增

---

① 以美国高中毕业生学术能力水平考试（SAT）中的阅读成绩为学术质量的指标。

加，你也更有可能为退休存下钱来，即使你并未参加这个小组。[4] 因此，"近朱者赤，近墨者黑"是有道理的。从学习成绩[5]到职业表现[6]再到理财决策[7]，至少在一定程度上，我们的同伴影响了我们。

2006年夏天，斯科特接到美国空军学院高层打来的电话。作为一名热心校友，斯科特每年夏天都会以预备役军人的身份回校给学生们上课，提供学业建议，因此，接到这样的电话很正常。不过，这一次电话那头的声音异常急切。

原来，一年级新生出了很大问题。学习成绩下降，退学率上升，但是大家都找不到原因，更别说如何应对了。斯科特能帮上忙吗？

"复制粘贴"策略

美国空军学院确实为建立群体凝聚力提供了极为有利的条件，但是对所有大学生来说，大学是他们受到社交圈影响的重要时期。我的朋友卡西·布拉巴在雪城大学读大三的时候有过切身体会。[8] 当时，卡西为了节省开支，报名担任住宿指导员，这样她可以免费入住学校的公寓。指导员的工作主要是给新生提供建议，比如，如何处理室友间的关系，如何缓解想家的情绪，等等。上岗之前，卡西需要和十几个高年级学生接受为期一周的培训。

无巧不成书，这十几名学生有 5 个人是素食主义者。卡西一直就对素食的生活方式很感兴趣——这似乎很健康很高尚。但她从未相信自己能做到，她家里人基本上顿顿都吃肉，很少吃新鲜蔬菜。所以，对卡西来说，素食主义听起来很棒，可是她不知道应该吃什么、怎么吃。难道就是顿顿吃沙拉吗？她能想到的只有沙拉，那也太无聊了吧！

培训期间，卡西观察到崇尚素食主义的同学在学校餐厅的选择其实很丰富，沙拉只占很小一部分。他们早上可以吃蔬菜蛋卷，中午有黑豆汤和素食烩饭。如果出去吃，在餐厅点餐也很方便，就是多问一句："这个汤是不是鸡汤底？"

指导员培训结束后，卡西发现自己已经可以模仿这些同学的素食策略了：早上吃美味的煎蛋卷，中午吃意大利烩饭配汤，等等。她决定先尝试一周不吃肉，然后变成一个月，又变成了 4 年。对这种策略卡西没有命名，不过恰好我在学习新技能的时候也用过同样的策略——"复制粘贴"。她观察那些成功地实现了她想要实现的目标的同伴，然后模仿他们的方法。

我和合作伙伴安杰拉·达克沃思也经常使用同样的方法。比如，我学习她在办公时间处理工作电话的策略，她模仿我以旧邮件为模板起草新邮件的做法。

在指导学生的过程中，我们有时候会问他们："你有没有想过问问自己的朋友？她这门课学得很不错。"学生在听到这个问题时经常一脸茫然，对这个反应我们也非常惊讶。当然，有些模仿行为自然而然就发生了，比如，不明所以的学生像别人一样鼓掌，卡西与素食主义的同学朝夕相处，发现可以尝试用他们的方法来改变自己的饮食习惯。但是，安杰拉和我怀疑，很多人从未意识到模仿同伴的行为潜藏的机会。卡西和自己的同学相处了一周，改变了她的人生，但是之前她从未想过可以去寻找这些人。

这可能是因为"错误共识效应"[9]，此概念由社会心理学家李·罗斯、戴维·格林和帕梅拉·豪斯在 1977 年发表的一篇著名论文中首次提出。论文描述了一种人类普遍存在的倾向，即人们错误地认为其他人看待和回应世界的方式和我们自己的一致。比如，如果最近在早间脱口秀节目中看到果汁节食的宣传觉得很荒谬，我们就会认为大部分人都这么想。如果觉得城市生活是理想的，我们就会认为大部分住在乡下的人应该很想搬到城里来。如果觉得素食选择很有限，我们就会认为他人（甚至是素食主义者！）也这么想。当然，现实世界远比人们想象的要更加多元，无论是信仰、行为还是关于客观世界的认知，都存在很大的差异。

几年前，我和安杰拉想到，为了让人们实现目标，可以尝试鼓励他们做到如下两点：第一，寻找那些他们可能会忽视的知识丰富的人；第二，刻意"复制粘贴"他们的生活技巧。人们总是默认自己已经知道很多，因而低估了向他人学习的必要性，也许，一个小小的提示就能让我们更好地利用我们的人际关系。

在沃顿商学院博士生凯蒂·梅尔主持的两项研究[10]中，我们发现，鼓励人们"复制粘贴"彼此最好的生活技巧可以促使那些想多锻炼的成年人和想提高成绩的大学生实现行为转变。这个策略取得了一定的效果。

于是我们进行了更复杂、规模更大的研究。1 000多名希望加强锻炼的参与者被随机分成3组：在对照组中，参与者只是被鼓励就如何增强锻炼制订计划；在实验组一组中，参与者会制订计划，同时被鼓励使用"复制粘贴"策略增强锻炼；在实验组二组中，参与者会制订计划，同时被要求复制其他人的健身方法（比如"每锻炼一小时就可以浏览社交媒体15分钟"）。

　　研究结果与之前的一致。我们发现，无论增强锻炼的新方法来自哪里，模仿它们都比仅制订计划更有效。但有趣的是，如果参与者找到可以"复制粘贴"自己策略的方法，效果会比"复制粘贴"别人策略的方法更好。通过进一步分析研究数据，我们发现，主动寻找可以"复制粘贴"的方法会让人们找到最适合自己生活方式的方法。而且，积极搜索信息的过程也会增加参与者和榜样相处的时间，增加他们接触好习惯的机会。总而言之，这些发现肯定了我们的猜想，人们会从有意模仿同伴的成功策略中获益匪浅。所以，如果你想减肥，小贴士肯定会有帮助，但是如果能花些时间和健身的朋友聚聚，了解他们的想法，你就可能做得更好。

当我们对自己实现改变没有信心时，我们周围的人可以通过展示实现目标的可能性来鼓励我们，增强我们的信心。事实上，我们会更多地受观察的影响，而不是建议。[11] 卡西通过观察同伴在食堂和餐馆的选择，掌握了践行素食主义的方法。同理，美国空军学院的学生因为生活在勤奋的中队成绩得以提升，因为他们感受到了压力，知道努力才能与同伴齐头并进。当压力增加时，至少有些学生会去模仿他人的学习策略。但是，我近期的研究表明，如果刻意去"复制粘贴"，获益会更多。毕竟，如果所有人都能自然而然地从同伴那里获取重要见解，各种"复制粘贴"的策略就没有存在的必要了。

令人高兴的是，刻意学习"复制粘贴"策略很简单。下次当没有实现目标时，你可以看看其他人是如何做到的。如果想增加睡眠时间，那么你可以向睡眠规律的朋友了解一下他们的生活方式。如果想改乘公共交通工具上下班，你就不要只看车次时间，最好问问早就放弃自驾出行的邻居。如果你找到一个已经实现了你想要实现的目标的人，然后复制粘贴他的策略，而不是简单地接受潜移默化的社会环境的影响，你就能更快获得成功。

通过从众思维影响他人

如果你住过酒店，那么你可能会在浴室中看到呼吁你重复使用毛巾的标志，目的是节约用水。可能有些人和我一样，第一次看到的时候，你会犹豫。酒店的浴室那么多人待过，谁知道一晚上毛巾上会滋生多少细菌！（实际情况是：基本上没有，但我的想法就是这样。）

对某些酒店房客来说，重复使用毛巾让他们感到有些不适，心理学家诺厄·戈尔茨坦、鲍勃·恰尔迪尼和弗拉达斯·格里斯克维修斯 3 人与一家酒店合作，进行了一项实验。[12] 他们希望说服更多房客重复使用毛巾，为环保出一分力。也许社会影响力可以发挥作用。毕竟，人们总是觉得毛巾被别人用过了，自己再用有点儿奇怪，如果我们告诉他们这实际上很正常，是不是能让这一行为变成常态呢？不过，研究人员遇到一个问题，酒店房客看不到其他人是否在重复使用毛巾（这当然是隐私得到保护的体现）。为了解决这个问题，他们决定尝试简单地描述什么是正常的做法。至少在理论上，即使没有观看同龄人的行为，仅仅是了解他们在做什么，人们的行为也会受到从众思维的影响。不过，这个理论需要验证。

酒店浴室里的旧标志被换成了醒目的新标志——"和其他房客一起保护环境吧",标志中还说,75%的房客在住店期间会重复使用毛巾。实验结果令人振奋,新毛巾的重复使用率增加了18%。更令人印象深刻的是,对标志中信息的微调几乎使毛巾的重复使用率翻了一番。当部分房客被告知,大多数住在这一房间的房客都在重复使用毛巾时,毛巾的重复使用率增加了33%。这表明,人们喜欢模仿那些与自己境况相似的人,即便这种相似非常表面化。

脸书(现更名为Meta)的一个投票实验为上述趋势提供了更多证据。[13]脸书是全球规模最大的社交网络,在提升投票率的实验中,研究人员通过脸书平台随机向选中的部分美国用户发送信息,提示他们,他们的很多朋友已经在2010年中期选举中投了票,同时展示了其中6个朋友的照片。看到此类信息确实提升了人们参加投票的概率,不过,如果展示的恰好是亲密朋友的照片,投票率会提升4倍。

上述研究表明,关系越亲密,境况越相似,人们越容易受到影响,即便这种行为只是被描述出来而非直接观察到的。[①]与此同时，实验还说明，从众思维可以作为重要的影响力工具。描述什么是社会中的从众行为，能够帮助更多群体更好地改变其行为。

不过，我们也应该警惕这一策略中不可忽视的道德困境。在早期许多关于从众思维的研究中，大部分科研人员的研究动机是渴望了解纳粹是如何让普通德国人参与大屠杀的。[14]随后的研究结果证明，社会压力确实能说服人们做出严重违背道德的事情。[15]因此，我们要警惕社会压力中潜在的胁迫力量。[16]

每次在向MBA课堂上的学生解释从众思维的影响之后，我总是提醒他们思考一下他们以前听到的信息。很多人从小就知道，"别人都这么做"不应当成为做坏事的借口。尽管如此，但是社会压力的有害影响确实存在。好消息是，我们可以通过一些方法削弱其威力：避免与施压者面对面互动，多一些机会审慎思考，与可能持相反意见的人展开对话，这

---

① 通过描述社会规范激励行为改变，这一策略又被称作"社会规范推广"，其效果已经得到反复验证。研究证明，它可以被应用于毛巾重复使用、纳税等各个领域。(Organisation for Economic Co-operation and Development [OECD], "Behavioural Insights and Public Policy: Lessons from around the World" [Paris: OECD Publishing, 2017], DOI:10.1787/9789264270480- en.）

些都能减轻社会压力的胁迫性。因此，在选择做任何让人感到不舒服、轻率或有违道德底线的从众行为时，我建议你放慢速度，避免与"施压者"面对面交流，与持相反意见的人谈一谈，再做出决定。

虽然从众思维策略可能会遭到恶意应用，但是谢天谢地，它不一定是一种邪恶的力量，而且在现实中它往往不是。从众思维的力量在得到合理利用时，确实能发挥作用，帮助人们实现积极的改变。当斯科特得知美国空军学院的新生遇到困难时，他就有了利用此类策略的想法。

从众策略的缺陷

斯科特接到美国空军学院领导的电话，得知大一新生成绩直线下降，情况比较严峻。他回想起自己的研究，研究表明中队对新生成绩有很大的影响，挂了电话之后，他坐下来写了一份详细的应对方案。

斯科特告诉美国空军学院的领导层，不要随机抽签创建各个中队，应该把SAT阅读成绩最好与最差的学生安排到一起。①优秀的学生会影响中队其他成员，让差生的成绩得到提升，而且，进行这项实验不需要任何成本。

学校领导层也看到了该实验的前景，马上给斯科特的团队开了绿灯，授权他们进行实验，这样斯科特就能检验他的研究的应用价值。¹⁷如果这一方法能够成功，全球其他大学就可以采用相似的策略了。

2007年和2008年，在斯科特团队的精心指导下，美国空军学院的管理人员将成绩较低和成绩优秀的学生安排在同一个中队，期待后者的学习习惯能够发挥影响。（成绩中等的学生则被分配在一起。）为了提供一个参照点，有的中队的成员仍然是随机分配的。在实验结束之后，斯科特及其团队评估了不同组别所有成员的学业表现。

斯科特对实验结果非常有信心，最终数据还未出来他就开始起草论文了。他迫不及待地想与全球的学校分享他的研究发现，他希望让更多院校能从该方法中获益。所以，当第一次对数据进行统计时，他非常困惑。出了什么错误吗？他

---

① 斯科特的数据显示，大一新生成绩下降的主要原因可能是选用了难度更高的化学课新教材。但既然教材已被纳入学院的课程大纲，那么不妨试试让学生迎难而上。

给数据中心打电话："你们是不是不小心把实验组和对照组的数据弄反了？"

不过，这个"错误"也在斯科特的意料之中。他严格检查了数据，这些令人沮丧的数字得到了证实。连续两年，新中队的编排方法并没有提升新生的成绩，这些中队学生的成绩比传统中队学生的成绩更差。完了！斯科特赶紧给学校打电话，告诉学校领导在下一届新生到来之前一定要取消实验性的编排。

当然，终结实验只是第一个任务。第二个任务就是要搞清楚为什么会出现这种情况。斯科特开始对学生进行调查，搜集更多数据对实验结果进行分析。很快他就找到了答案。在实验中队中，优等生和后进生并没有打成一片，也没有相互产生影响，这与实验人员的预期并不一致。同一中队的两类学生自然形成了隔离，没有表现中等的学生作为纽带，中队的两极分化特别严重，后进生的情况变得更糟了。斯科特无意中证明了从众策略中的严重缺陷。

想象一下，在你的生活中，同事、同学不断地超越你，日复一日，你的收入越来越少，成绩越来越差，和同龄人相比你总是样样不如人。这听起来是不是很糟糕？你可能会陷入绝望，开始躲避那些优秀的人。斯科特遇到的情况如果只是偶然，那么当然是好事，再进行下一项研究就好了。但是证据告诉我，事实并非如此。[①]

在某项目中，我与一群经济学家合作，协助一家美国大型制造业公司提高其员工的退休储蓄。[18]有利因素是，大部分员工的储蓄额都比较高，但是也有数千名员工储蓄额很低，甚至完全不存钱。很多人并不是主动拒绝储蓄，只是没有选择加入公司的退休储蓄计划。在我们看来，这类人就是检验社会压力影响的完美对象。如果他们觉得存钱很难，我们可以告知他们有多少同事参加了储蓄计划，从而改变他们的想法。也许我们的信息会让他们产生内疚感或竞争感，从而让他们开始存钱。

但是，和斯科特的计划一样，我们的计划也事与愿违，甚至有些雪上加霜。第一，让员工知道大部分同事都在存钱，降低了公司退休计划的签约率。第二，我们通过实验将员工所在年龄组的储蓄者比例从77%提高到92%（通

---

① 值得注意的是，不断加剧的不平等意味着，很多社会边缘群体经常遇到这种情况。

过随机选择用于比较的年龄区间的宽度^①），退休计划签约率进一步下降。也就是说，从众策略的影响越突出，情况越糟糕。虽然我们的实验结果比斯科特的实验结果分析难度更大，但根据后续的研究，我们给出了自认为最合理的解释：理想的退休储蓄金需要长时间的积累。为退休生活储蓄需要耐心，你不可能在几周内就赶上别人的进度。因此，对那些已经担心自己落后的员工来说，告知他们有同事在严格执行储蓄计划，这恰恰错误地传递了信息，他们可能会更加失落，觉得自己永远都追不上别人的脚步了！这个结果也让我们联想到之前的"管他呢效应"。[19] 研究显示，如果人们觉得自己要失败了，那么让暴风雨来得更猛烈一些也无妨。正因如此，我们发现，当得知有多少人在为退休储蓄时，那些收入最低的员工表现出最强烈的抵触情绪。

这一研究以及美国空军学院的研究结果为我们提供了重要的教训。要想让从众策略发挥作用，表现优异的人和需

---

① 在进行社会比较中，我们随机选择将每位员工放入某个年龄区间（比如部分人在40~50岁，部分人在40~45岁），来实验性地改变我们展示给员工的数字，而不会说谎。谢谢我的合作伙伴约翰·贝希尔斯设计的好方法！

要提升的人之间不能存在过大差异。如果你想在游泳方面有所提升，先不要在奥运冠军凯蒂·莱德基身旁的泳道练习。就算想使用"复制粘贴"策略，你可能也会正确地感知到，虽然多观察对训练有一定的益处，但也要对自己潜力的上限有合理的认知。

同样，上述储蓄项目的结果表明，在对他人的成就进行描述时，只有让人们觉得自己可以快速模仿他人的成就，这种描述才会成为有效的激励因素。有些目标只需要一个简单的改变，但许多目标需要更复杂的规划，也需要更长期的付出。如果想走环保之路，那么你可以尝试在一个月内改变你的能源使用习惯，成为一名节能斗士。如果想积极锻炼，那么你可以每天多走走路。但是，没有人能一夜之间完成401K计划。在需要持续付出努力的行为转变中，发现自己远远落后于同龄人只会让我们更加沮丧，甚至瞬间崩溃。

如果将从众策略应用到具体且可以立即实现的目标上，比如参加投票、减少刷社交媒体的时间等，此类策略就能发挥更大的作用。如果目标比较长远或者比较抽象，比如为退休储蓄更多，那么效果一般不会太理想。幸运的是，也

掌 控 改 变

有一种方法能让长期目标在短期内更容易实现。本书第三章提到，将大目标分解成小目标很重要，比如，鼓励人们每天存 5 美元而不是每月存 150 美元，鼓励人们每周做 4 小时志愿工作而不是每年做 200 个小时。将大目标分解成小目标，这种方法让听起来虚无缥缈的事情有了实现的可能性，也能避免从众策略出现反作用。而且，鼓励人们踏踏实实一步一步前进，从长远看能产生巨大的影响，正如重复的要求和提示已经被证明可以改变行为，不是一次、两次，而是持久的改变。

他什么都知道

从众思维最令人担心的一个特点也出现在我的课堂鼓掌实验中。那就是社会压力，它让你觉得自己正在被监视、被评判，迫使你做出同样的行为。这样的压力听起来就有危害——确实也有，但它也会促成积极的行为转变。

感觉自己被监视是如何改变人们的行为的？ 2006 年的一项实验给出了答案。当年的某一天，密歇根州的 2 万名居民收到了一封奇怪的信件。

乍一看，这些信件似乎是某位政客竞选团队的拉票词，希望大家去投票，但仔细一看，这个拉票可不一般。每位收件人都在信件中看到了自己曾经参与和错过的投票的记录，还有每个邻居关于是否参与投票的决定。而且，这些信件不仅显示了个人投票信息，还承诺在选举日之后立即向社区的每个人公布最新的数据。这是什么意思？要么去投票，要么让你的邻居知道你是一个没有素养的公民。

你可能会想，哪个政客发了疯敢发这么咄咄逼人的信件？没错，这些信件确实不是竞选人发的。其实，这是政治学家埃伦·格伯、唐纳德·格林以及克里斯托弗·拉里默的一项实验，他们正在检验以低成本提升投票率的方法。[20]

研究人员从公开的合格州选民名单中收集了超过18万个地址，设计了4份不同的信件来提醒人们为即将到来的选举投票。一些准选民没有收到信件，还有一部分收到的是标准的投票提醒，这些都是为了给比较研究提供参考基线。不同的家庭收到的信件展现了程度不一的社会压力，都是要求他们在选举日参与投票。最极端的方法是在信件中展示某个社区每个人的投票记录。另一类信件列出了住在同一栋房子里的每个人的投票记录。还有一类信件提到研究人员正在进行一项研究，会检查收件人是否参与了投票。

第一次听说这个实验时，我感到难以置信，这个方法太过家长作风了。不过，在讨论让人们遭受公开羞辱的道德问题之前，我们先来看看这个实验中的社会压力是如何发挥作用的，毕竟最后的结果确实让人震惊。

通过简单的提醒，投票率增加了 2%（在投票率较低或竞争比较激烈的地区，这是很关键的差距），通过发送有投票记录的信件，投票率增加了 2.6%。然而，真正出现明显的变化是因为，人们知道自己的行为会被认识的人发现。有些人收到的信件提醒他们，住在一起的人会知道每个人是否投了票，在这种情况下，投票率增加了 4.9%。有些人收到的提醒是整个社区的人都会知道他们是否投了票，情况发生了更极端的变化，投票率增加了 8.1%。据我所知，没有任何一场关于选举的群发信件举措能够带来如此显著的投票率增长。

如果你在圣诞节前的日子里不断用圣诞老人的故事激励孩子做出良好的行为（或者你的父母曾经用这种方法激励

你），你对上文这种社会问责及其威力就会很熟悉。从平·克劳斯贝到法兰克·辛纳屈再到玛丽亚·凯莉，许多歌手都唱道："他知道你有没有好好表现，所以看在上帝的分儿上，一定要乖乖听话呀！"至少在我家里，提醒孩子圣诞老人正在看着他，如果没有好好表现他今年就没有礼物了，这招儿真的有效。我儿子在 12 月总是表现得很好。但是，如果父母在权力失衡的条件下应用这个策略，那么效果往往不好。正因如此，我才会质疑上文的实验。

事实证明，我的担心确实有道理。上述实验的方法虽然提升了投票率，但是出现了严重的后果（据说，一名记者在信件可退回的地址列表上的邮政信箱附近扎营数日，希望找到那些邮寄信件的人），这在一定程度上也说明了为什么你没有收到类似的信件。

虽然上述方法存在缺点，但是我还是觉得这项研究很有意思，毕竟它证明了建立社会问责机制可以极大地改变人们的行为。将社会责任感转化为承诺机制你就能让它为你所用。比如，你可以告诉同事，你计划参加春季的注册会计师考试，确保即使你没有参加他们也不会发现，这样你就可以从社会问责机制中受益，而不会有反作用。你也可以邀请一

掌 控 改 变

个朋友做你的健身伙伴，这样你们可以相互监督，看看谁会偷懒。而且，这也会让健身变得更有趣。①

尽管如此，如果想把问责制作为一种公开的工具来激励人们完成他们的目标，你一定要警惕，这种策略可能会引发愤怒。如果你威胁某人要曝光他的信息，让他接受公众监督，可能很快你就会成为他的敌人。但是，只要对细节有所调整，社会压力就可以在不冒犯他人的情况下得到有效利用。2013 年在加州进行的一项实验就证明了这一点。

该实验的目标是提升绿色能源计划的参与率，让更多住户在用电高峰期（热得不行大家都开空调的时候）接受断电。[21] 显然，这是个很大的挑战。但是研究团队想到一个巧妙的计划。在某些社区，他们没有直接公开住户是否加入计划的决定，而是让住户自己传播这一信息，设立公告栏，以便任何人都可以看到谁参加了该计划。在其他社区，公告栏只公布参与计划住户的匿名身份证号码（这样邻里就可以看

---

① 我和合作者已经证明，相较于个人每去一次健身房获得 1 美金，当与朋友一起去健身房获得 1 美金时，人们健身的概率提升了 37%。与合作相关的奖励提升了责任感，增加了乐趣。（Rachel Gershon, Cynthia Cryder, and Katherine L. Milkman, "Friends with Health Benefits: A Field Experiment"［working paper, 2021］.）

第七章 榜样

到有多少人参与了，但是不知道是谁）。

截然不同的结果出现了。当公告栏显示姓名时，加入计划的人增加了3倍，而且没有出现相反的效果，因为加入计划是自愿的，不参加的人也没有被告发的感觉。而且，对一些人来说，公开露面可能是一个很好的炫耀机会。其实，他们的心理是相似的——都和社会问责有关，只不过这一次，公开信息变成了一件让人感到荣耀的事情，人们的反应也就不一样了。①

我们大多数人都希望在朋友、邻居和同事面前显得善良、勤奋、有成就。²² 因此，当自己的行为能被别人看见时，我们就有了强大的动力去做"正确"的事情，并对"错误"的选择产生排斥，因为这将损害我们良好的声誉。充分利用这些本能并规避反作用，最好的方法就是让人们有机会赢得

---

① 当有人告发我们的不当行为时，科学家称其为"作为"；但如果他们没有注意到我们的良好行为，那就是"不作为"。研究表明，"不作为"对人们的冒犯程度远远小于"作为"（想想别人训斥你时的感觉和他们没有注意到你的善行时的感觉）。研究人员公布参加绿色能源计划的人员时（节电行为通常被认为是好事，至少在加州是这样），其问责属于"不作为"。也就是说，不参加计划只是错过了一个获得公众赞赏的机会，但是邻居们不会因为看到名单上没有谁就去训斥谁。然而，在之前的投票实验中，那种问责是以"作为"的形式呈现的，因此它让很多人感到愤怒。（Mark Spranca, Elisa Minsk, and Jonathan Baron, "Omission and Commission in Judgment and Choice," *Journal of Experimental Social Psychology* 27, no. 1 [1991]: 76 - 105, DOI:10.1016/0022-1031（91）90011-T.）

赞美，也有选择放弃的权利。

　　总而言之，如果希望鼓励他人选择正面的行为，你就要利用好人性对崇拜的偏好。比如，研究表明，当慈善捐赠的信息被公开时，人们捐赠的可能性会增加。[23] 如果从事筹款活动，你一定要让人们有机会告知他人自己的慷慨行为。如果希望更多员工参加在职培训或指导计划，你可以考虑公开报名者名单。要求你做正确事情的社会压力会由此增加，而且，随着名单上人数的增加，从众也会对你有利——很明显，报名参加是件令人骄傲的事。

利用社会压力的积极影响

　　社会压力可以成为推动改变的强大动力，通过向人们展示在同样的境况下其他人可以实现什么，能帮助人们克服自我怀疑。但是，如果好的行为不是那么受欢迎呢？比如，在你工作的地方，大多数人都没有回收利用资源的习惯，没有为同事提供指导，也没有遵守安全规范，或者没有做任何你想帮助他们（和你自己）做的事，那该怎么办？

也有方法。研究显示，如果一种行为只是呈上升趋势，而不是广受欢迎，那么分享这一趋势的信息可以赢得更多人的支持。①²⁴ 如果发现只有 20% 的同事参加了新的计算机培训课程，你可能会犹豫，但是如果知道报名率比去年翻了一番，你的想法可能就不一样了。上升趋势表明，"反常规"的行为最终会成为"每个人"的选择。

我一直强调可以利用社会压力帮助人们实现目标，这个策略也可以用在你自己身上。如果计划参加马拉松比赛，你就要和那些已经跑完全程的人一起训练。与他们一起参加跑步课程，在 Fitbit 记录器上和他们建立联系，这样他们就能看到你的统计数据，如果这周你偷懒，他们就会责问你。一定要征求指导意见，这样你就可以复制粘贴对他们有用的方法。

这不是复杂的科学道理，但它似乎被低估了。无论是有意还是无意，很多人都受益于社会压力。卡西复制了朋友们

① 在一项研究中，一家咖啡馆的数百名顾客被随机分成三组。第一组被告知，30% 的美国人正在努力控制自己的肉类消费。第二组了解到，30% 的美国人在过去 5 年里开始控制自己的肉类消费（显示出上升趋势）。第三组没有得到美国人肉类消费习惯的信息。第二组顾客点素食的概率是第三组的两倍，也明显高于第一组。(Gregg Sparkman and Gregory M. Walton, "Dynamic Norms Promote Sustainable Behavior, Even If It Is Counternormative," *Psychological Science* 28, no. 11 [2017]: 1663 – 74, DOI:10.1177/0956797617719950.)

的饮食习惯，成为素食主义者。美国空军学院优秀的大一新生在不知不觉中改善了中队成员的学习习惯。如果正确利用社会压力，你就能提高个人能力和自信心，取得更多成就，也会向同事和朋友们展现这一点。

－ 本章小结 －

- 当陷入自我怀疑或不确定如何实现目标时，你可以通过观察周围的人是如何做到的，帮助自己提高能力和信心。

- 你的决定很大程度上受到同伴的影响。因此，当你希望实现伟大的目标时，选择与谁同行很重要。

- 向人们描述常规行为（假设它是一种积极行为）是帮助人们改善自己行为的有效方式。

- 和某些人越亲近，和他们的境况越相似，你就越有可能受到他们的行为的影响。

- 虽然一些同伴的影响力会很自然地作用于你，但是你也可以刻意向他们学习。观察那些成功地实现了你想要实现的目标的人，然后复制粘贴他们的策略。

- 因为你在意同伴的认可，所以感觉被同伴监督会改变你的行为。

- 想要利用同伴的监督来促进改变而不产生反作用，与其公开人们的不良行为，不如给予他们获得公众赞扬（或选择放弃）的机会。

- 如果一种行为只是越来越受到认可但还没成为现有的社会规范，分享这种上升趋势的信息可以推动更多人做出改变。

- 如果觉得同龄人的成就遥不可及，感受到社会压力就会打击人们追求改变的积极性。

- 社会压力有可能带给他人胁迫感。因此，在利用社会压力影响家人、朋友或同事之前，你要认真思考，为自己的行为承担道德责任。

- 如果注意到有人利用社会压力让你产生了不适，你要冷静下来，避免与那个人面对面互动，与持相反意见的人展开对话，以改进你的决策，避免成为社会压力的受害者。

How to Change

第 八 章

实现持久的改变

2018 年底，我和安杰拉·达克沃思与研究团队开了一次会，讨论我们在行为转变研究方面的一些早期结果。

一位科研人员问："你们觉得这个项目成功吗？"

"显然不是!"

"当然啦!"

安杰拉和我同时脱口而出。[1]

大家都笑了。

我们存在分歧也是有充分的理由的。我们刚与全美连锁健身房"24 小时健身"进行了一项大规模实验，以期提升其会员去健身房的频率。[2] 约一半美国人运动太少（其中也包括健身房会员），我们希望找到低成本的方式鼓励大家加强锻炼。[3]

但是，实验结果与我们的预期存在差异。

数万名"24小时健身"会员报名参加这一项目。大多数人似乎对参加一个旨在促进锻炼的为期4周的免费项目感到很兴奋。但是，我们最关心的不是报名人数或者他们兴不兴奋，而是我们的方法到底行不行得通。这就很值得讨论了。

我关注的是好消息，在我们检验的众多想法中，50多个有了立竿见影的效果，它们中有许多都基于前文提到的提前做计划、设置提醒、创造乐趣、利用从众思维、不断重复并给予奖励等原则和方法。为了让人们提升健身频率，我们找到了很多近乎零成本的创新方法。

听起来很成功，对吧？我也是这么想的。

当我们开始分析项目结束后的数据时，坏消息就出现了。几乎没有任何一个方法有持久的效力。当然，通过重复和奖励，健身房会员通过为期4周的项目提升了健身频率，这里面有1/4到1/3转化成了持久的习惯。但是，我们最初的期待是找到更具颠覆性的低成本方法鼓励人们健身，一劳永逸地改变人们的行为习惯。我们没有找到这个方法，所以安杰拉觉得我们失败了。

虽然短期成功让我感到振奋，但是我和安杰拉一样感到失望，因为我们没有找到带来持久效果的行为转变方法。我们已经找出了人们想要健身时面临的各种障碍，比如健身很辛苦、懒惰、健忘等等，而且我们也直接解决了许多问题。我真搞不懂哪里出了问题。在茫然之中，我给我的朋友凯文·沃尔普打了电话，作为知名经济学家和医生，他推动建立了一个世界上最成功的应用行为经济学研究团队。[4]

我想知道他怎么看这个问题。为什么我们不能让行为转变的效果更持久？

凯文的话令我豁然开朗："当我们诊断出某人患有糖尿病时，我们不会让他用一个月的胰岛素，然后停药，等着他能痊愈。"[5] 在医学上，医生们都知道慢性病需要终身治疗。行为转变难道不是这样吗？

我恍然大悟。领悟了凯文的话之后，我甚至有些惭愧，这么明显的道理我竟然还要别人一个字一个字跟我说清楚。

无数研究（包括我的研究）都发现，实现重大的行为转变更像是治疗一种慢性疾病，而不是治愈皮疹。你不要想着涂点儿药膏它就会被彻底治愈。很多内在因素影响着人们的行为转变，我在前文已经提到，比如容易受到诱惑、健忘、不自信、懒惰等等。这些就像慢性疾病，可不是"治一治"

就能好的，这些都是人类的天性，我们需要时刻对其保持警惕。

一项覆盖数万家庭的研究很好地说明了这一点。这些家庭每个月或每季度会收到一个叫Opower的组织发来的家庭能源报告。[6]报告会提示能源效率低下的家庭比社区的平均能源使用量高出多少。根据之前提到的从众理论，Opower通过这个方法以极低的成本让数百万用户减少了用电量，因为人们意识到，他们的行为和社区中的大多数不一样。

不过，我觉得最有趣的是，Opower的研究比较了当人们不再收到这些报告时，家庭的能源使用模式会发生什么变化。

实验人员随机选择了一部分家庭，在持续向其发送报告两年后停止发送，这些家庭的能源使用量依然比那些从未收到报告的家庭低，但是又高于那些持续收到报告的家庭。在能源报告被停发两年后，家庭的节能幅度每年会下降10%至20%。他们之前可是整整坚持了两年！想象一下，如果他们只是收到一个月的报告呢？那么反弹估计会更快。这就是我和安杰拉遇到的情况。

在"24小时健身"的项目中，我们希望推动行为转变的策略确实能带来持续的影响，但是如果策略停止，大家就会退回到原来的状态（我们停止得越早，倒退得越快）。

这就要看看待问题的视角了，玻璃杯到底是"半空"还是"半满"呢？我更倾向于从"半满"的视角来分析持久的行为转变。关键是要把改变视为一个长期问题，而不是一个短期问题来彻底"治愈"，就像凯文给出的建议那样。

当使用本书的工具来应对行为转变的困难时，你不要想着一次两次、一个月、一年或两年就能成功，而是要长久坚持，或者，至少坚持到你决定放弃当初的目标之时。

前文提到我的学生卡伦·赫雷拉的故事。她知道，当阻碍改变的是个人内在因素时，要想成功就需要综合应用一系列方法，并把行为转变视为长期的挑战而不是短期的困难。她刚刚进入大学，就把校园新生活作为改善健康的新起点，也通过和营养师合作，制订了提升幸福感和健康水平的计划。在开启减肥之旅的多年后，她仍然与同一位营养师定期会面（形成了问责制），定期做健康饮食计划，在日历上设定健身提醒，利用手机软件记录热量摄入，通过多种方式抵制诱惑。[7] 比如，在参加校园活动之前先吃健康食品填饱肚子，避免被活动中免费的比萨、甜甜圈吸引；在和朋友外出用餐前，先从网上点好健康的食物，选择酸奶、果昔等健康食物来满足自己对吃甜食的渴望。随着时间的推移，保持健康的状态对卡伦来说越来越轻松。通过这套经过科学验证的策略，卡伦克服了障碍，养成了健康的习惯。

和卡伦一样，我发现，在面对的障碍是内因时，维持改变比主动改变要容易得多。多年来，我利用本书中的策略成功地让自己实现了许多改变："诱惑捆绑"让运动变得有趣，让我能保持健康；和支持我的朋友、同事在一起，我变得更自信了，实现了更大的目标；利用"新起点"应对新挑战（比如，我是从入住新房的那天开始写这本书的）；制订基于提示的计划，避免遗忘日程。

布拉德·吉尔伯特教给安德烈·阿加西的策略让我也获益匪浅，我获得了最理想的成果——改变的关键是了解你的对手。在面对困难时，一刀切的策略难以见效，有的放矢才能成功。一旦掌握了这个关键点，坚持到底就会和利用上述策略一样简单。

有时，阻碍改变的因素会发生变化。在网球比赛中，你的对手可能会中途改变策略，这时你要重新审视自己的策略，随时调整战术。我的一些学生想要创业，来找我的时候往往苦于不知道从哪里着手或者缺乏自信，后来他们发现自己的工作已经有了起色，也开始相信自己的能力，但是他们发现自己的工作已经变成了苦差事。如果觉得自己在改变的过程中碰壁了，你就回头审视一下阻碍你进步的因素。你可能会发现，阻碍已经发生了变化，你需要新的应对策略。医生在给病人治疗时也会调整方案，追求行为转变的道理也一样。

当然，有时候你决心做出改变，调整了策略，尝试了本书提及的所有方法，但还是未能实现目标。比如，你希望养成健身的习惯，但就是难以启动。当你在某个特定目标上不断碰壁时，你应该后退一步，评估现状，着眼大局，不要苦苦挣扎。

其实，大多数目标只是实现更大目标的手段。去健身房只是保持体形的一种方法。如果提高健康水平是你更大的目标，那么还有很多手段可以利用。比如，你可以尝试在办公室使用步行桌，可以加入篮球队，可以在午休时散散步，可以改变通勤的方式，或者在家里利用应用程序锻炼。也许去健身房并不是你保持身体健康的最佳方式，换一种方法，你也能实现自己的目标。

如果你已经尝试了多种策略，全力以赴想要实现一个目标，但依然没有成效，那么你可以考虑一个新的方式，给自己一个全新的开始。当面对困难时，你需要对症下药，有时也需要调整目标，根据自己的优势和劣势思考目标是否合理。每个人的痛点都不一样，有些人眼中的苦差在另一些人眼中可能是快乐的事。从仙女玛丽的故事中我们可以知道，找到一条你喜欢的路可以创造奇迹。

　　找到适合你和你所处境况的方法，改变就在你的掌握之中。我希望这本书能指引你前进的每一步。经验和证据都一再表明，通过分析你面临的问题，并有的放矢地应用相关策略，你一定能抵达目的地。

致 谢

在决定写这本书的时候，我其实并不清楚面向大众的读物应该如何完成。我非常感激在这个过程中遇到的众多非凡的人，他们耐心、包容，慷慨地付出他们的时间和精力为我提供建议。

首先要感谢我了不起的丈夫卡伦·布莱克。他不仅反复阅读了每一章的内容，随时和我展开讨论，而且在我写书期间承担了大量的育儿工作和家务，这样我才能完成这个大工程。卡伦，如果没有你无尽的支持和大度，这本书就不会存在，更不用说你每天都带给我的灵感了。（什么问题都难不倒你。）

感谢我的母亲蕾·米尔科曼和父亲贝弗·米尔科曼。感谢你们一直以来对我的爱和支持，感谢你们来到费城帮我照看孩子，为我付出了那么多。我必须承认，多年前你们让我参加网球比赛的主意可能并没有那么荒谬，我从中学到了重要的人生经验。

感谢我可爱又活泼的儿子科马克·布莱克，谢谢你对这本书展现出的热情。这本书写到一半的时候，你的幼儿园老师告诉我，你在班上掀起了一股新潮流——说服三四岁的同班同学像你的妈妈一样开始写书。听了老师的话，我心里满是自豪之情。虽然我没有采用你为这本书起的名字（《伟大的特拉华州》确实有点儿离题了），但是，你对这本书的影响已然超出了你的理解。

感谢我的图书经纪人雷夫·萨加林，我这次探险的杰出向导。雷夫，谢谢你的洞察力和智慧，也感谢你对我神经质的包容。尤其要感谢你帮我联系到了妮基·帕帕佐普洛斯和Portfolio出版团队（包括阿德里安·扎克海姆、金伯利·梅伦、雷吉娜·安德烈奥尼、阿曼达·兰、塔拉·吉尔布赖德、斯蒂芬妮·布罗迪、贾罗德·泰勒和布赖恩·莱穆斯）。编辑和整个出版团队都超出我的预期。妮基，感谢你耐心地指导我如何形成有叙事性的章节，如何深入浅出，如何错落有致。你为我提供了宝贵的指导与支持。

安杰拉·达克沃思逐字逐句读完了这本书，提出了宝贵的改进意见。而且，她激励我开始了我学术生涯中最激动人心的冒险，促使我写了这本书。书中的很多内容都是在和她谈话时形成的。安杰拉，谢谢你在这一旅程中与我合作，激发我思考，鼓励我前行。

作为一个初出茅庐的作家，我花了很大的力气才完成这本书。特别感谢卡西·布拉巴，她花了近两年的时间担任我的图书助理，从语言风格到文献目录，一一帮助我改进。卡西，非常幸运能够遇到你，感谢你为这本书投入的时间与精力。同时感谢加雷思·库克、卡特·罗德曼、杰米·赖尔森、凯蒂·肖克、迈克·埃尔南和安迪·卡斯尔对本书部分内容（或全部内容）提出的建设性意见。感谢我的学生研究助理梅根·钟、卡伦·赫雷拉、米歇尔·黄和伊莉莎·雷耶斯梳理终稿并校对错别字。

我也非常感谢许多慷慨的朋友、家人和同事，他们付出时间和精力阅读这本书并提出了宝贵的反馈意见。其中一些我已经提到（卡伦、安杰拉、我的父母），我还要感谢莫

致谢

235

杜佩·阿基诺拉、马克斯·巴泽曼、雷切尔·伯纳德、多莉·楚格、安妮·杜克、林内亚·甘地、盖伊·川崎、森迪尔·穆莱纳坦和阿里亚·伍德利，感谢你们的宝贵意见。感谢我的朋友纳撒尼尔·平卡斯－罗思在标题、副标题和封面设计上的贡献。

如果没有"为良好行为而改变"计划的研究人员的出色表现，我在行为改变方面的所有研究工作都不可能实现。感谢德娜·格罗梅、约瑟夫·凯、蒂姆·李、叶基·帕克、希瑟·格拉奇、阿尼什·拉伊、劳里·博纳科尔西、洪浩、佩皮·潘迪洛斯基。我也非常感谢帮助我完成这本书的了不起的研究助理，包括格雷林·曼德尔、卡尼恩·科尼克和卢云子。

感谢参与我播客节目 *Choiceology* 的每一个人，谢谢你们配合我因完成这本书而对录制时间做出调整，谢谢你们带来的精彩故事，很多故事都被写入本书。感谢你们教会我如何就科学知识与人展开交流。我要特别感谢来自 Pacific Content 的节目制作人安迪·谢泼德，感谢 Pacific Content 的安妮·吕特尔，感谢嘉信理财的帕特里克·里奇、马特·布赫、马克·里佩、塔米·多尔西。很幸运能与你们共事！

我还要感谢学术方面的所有杰出的合作者，他们的工作促使我写了这本书。特别感谢马克斯·巴泽曼（世界上最伟大的导师）、约翰·贝希尔斯（教会我如何成为一名优秀的科学家和合作者、如何拥有经济学家的思维）、托德·罗杰斯（让我对"助推"和自由主义家长制产生了浓厚兴趣，也介绍我认识了安杰拉）、戴恒辰（我指导的第一个学生，也是我教师职业生涯新起点的一缕阳光）、多莉·楚格和莫杜佩·阿基诺拉（我的姐妹以及"说不俱乐部"成员，没有你们的支持我很难走到现在）。感谢我优秀的学生爱德华·章、阿尼什·拉伊、埃丽卡·克耶高斯，在我写这本书期间他们对我展现出无尽的耐心，每天都以饱满的精神鼓舞着我，并许诺通过自己的科研工作让世界变得更美好。

还要感谢其他杰出的合作者，他们辛勤的工作也呈现在这本书中，他们是：什洛莫·贝纳茨、科林·卡默勒、格蕾琴·查普曼、詹姆斯·蔡、鲍勃·恰尔迪尼、辛迪·克赖德、洛朗·埃斯克雷斯－温克勒、阿曼达·盖泽、雷切尔·格申、詹姆斯·格罗斯、萨曼莎·霍恩、亚历克萨·哈伯德、史蒂文·琼斯、蒂姆·考茨、乔文·克鲁索夫斯基、阿丽拉·克里斯塔尔、拉胡尔·拉达尼亚、戴维·莱布森、桑尼·李、乔治·勒文施泰因、延斯·路德维格、布里吉特·马德里安、戴维·毛、凯蒂·梅尔、芭芭拉·梅勒斯、茱莉娅·明森、罗布·米斯拉夫斯基、森迪尔·穆莱纳坦、佩皮·潘迪洛斯基、贾森·里斯、西尔维娅·萨尔卡多、玛丽莎·谢里夫、詹恩·斯皮斯、高拉夫·苏里、乔基姆·塔伦、杰米·塔克尔、雅各布·特罗普、莱尔·昂加尔、凯文·沃尔普、阿什利·惠兰斯、乔纳森·津曼。

感谢本书各研究项目的科学家和信息核对人员，谢谢你们鼓舞人心的工作和辛勤付出。这份感谢名单包括：丹·艾瑞里、约翰·奥斯汀、琳达·巴布科克、斯科特·卡雷尔、加里·查内斯、阿利娅·克鲁姆、阿耶莱特·菲什巴赫、亚娜·加卢斯、埃伦·格伯、尤里·格内兹、诺厄·戈尔茨坦、彼得·戈尔维策、基拉博·杰克逊、迪安·卡兰、朱莉娅·明森、伊桑·莫利克、米特什·帕特尔、玛丽莎·谢里夫、斯蒂芬·斯皮勒、凯文·韦巴赫、温迪·伍德、戴维·耶格尔、埃雷兹·约里。

我也非常感谢那些为本书贡献了个人故事的学生、

朋友、领导，包括朱迪·希瓦利埃、乔丹·戈德堡、卡伦·赫雷拉、史蒂夫·霍尼韦尔、鲍勃·帕斯、普拉桑特·斯里瓦斯塔瓦、尼克·温特。

最后，非常感谢我的演讲经纪人戴维·拉文，他鼓励我写这本书，还推动我与 Portfolio 出版社建立了一个快乐的团队。

参考文献

引言

1 Andre Agassi, *Open: An Autobiography* (New York: Vintage Books, 2009), 101.

2 McCarton Ackerman, "Andre Agassi: From Rebel to Phi-losopher," ATP Tour, July 9, 2020, accessed August 31, 2020, www.atptour.com/en/news/atp-heritage-agassi-no-1-fedex-atp-rankings.

3 Steve Tignor, "1989: Image Is Everything —Andre Agassi's Infamous Ad," Tennis.com, August 30, 2015, accessed October 1, 2020, www.tennis.com/pro-game/2015/08/image-everything -andre-agassis-infa-mous-ad/55425.

4 Agassi, *Open,* 172.

5 Agassi, *Open*, 117.

6 Andre Agassi Rankings History, ATP Tour, accessed August 31, 2020, www.atptour.com/en/players/andre- agassi /a092/rankings-history.

7 "TENNIS; Agassi Has Streisand, but Loses Bollet-tieri," *New York Times*, July 10, 1993, accessed August 31, 2020, www.nytimes.com/

1993/07/10/sports/tennis-agassi-has-streisand-but-loses-bollettieri. html.

8   Agassi, *Open*, 179.

9   Agassi, *Open*, 185.

10 Brad Gilbert Rankings History, ATP Tour, accessed August 31, 2020, www.atptour.com/en/players/brad-gilbert/g016/rankings-history.

11 Gilbert Rankings History, ATP Tour.

12 Brad Gilbert, *Winning Ugly* (New York: Fire-side, 1993).

13 Agassi, 186.

14 Agassi, *Open*, 185.

15 Jen Vafidis, "Andre Agassi: Remembering Tennis Legend's Golden Olympic Moment," *Rolling Stone*, July 27, 2016, accessed August 31, 2020, www.rollingstone.com/culture/culture-sports/andre-agassi- remembering-tennis-legends-golden-olympic-moment-248765.

16 Agassi, *Open*, 28.

17 Agassi, *Open*, 187.

18 "Winning Ugly: Mental Warfare in Tennis—Tales from Tour and Lessons from the Master," *Publishers Weekly*, June 1993, accessed October 1, 2020, www.publishersweekly.com/978-1-55972-169-1.

19 Agassi, *Open*, 187.

20 Agassi, 188.

21 Robin Finn, "U.S. Open '94; The New Agassi Style Now Has Substance," *New York Times*, September 12, 1994, accessed August 31, 2020, www.nytimes.com/1994/09/12/sports/us-open-94-the-new-agassi-style-now-has-substance.html.

22 "U.S. Open Prize Money Progression," ESPN, July 11, 2012, accessed August 31, 2020, www.espn.com/espn/wire/_/section/tennis/id/8157 332.

23 Finn, "U.S. Open '94."

24 Agassi, *Open*, 196.

25 Agassi, 196.

26 Finn, "U.S. Open '94."

27 Richard H. Thaler and Cass R. Sunstein, "Libertarian Paternalism," *American Economic Review* 93, no. 2 (2003): 175–79, DOI:10.1257/000282803321947001.

28 Steven A. Schroeder, "We Can Do Better— Improving the Health of the American People," *New England Jour-nal of Medicine* 357, no. 12 (2007): 1221–28, DOI:10.1056/NEJMsa 073350.

29 Behavior Change for Good Initiative, "Creat-ing Enduring Behavior Change," Wharton School, University of Penn-sylvania, accessed February 3, 2020. https://bcfg.wharton.upenn.edu.

30 David S. Yeager, Paul Hanselman, Gregory M. Walton, Jared S. Murray, Robert Crosnoe, Chandra Muller, Eliza-beth Tipton et al., "A National Experiment Reveals Where a Growth Mindset Improves Achievement," *Nature* 573, no. 7774 (2019): 364–69, DOI:10.1038/s415 86-019-1466-y.

31 Daniella Meeker, Tara K. Knight, Mark W. Friedberg, Jeffrey A. Linder, Noah J. Goldstein, Craig R. Fox, Alan Rothfeld, Guillermo Diaz, and Jason N. Doctor, "Nudging Guideline-Concordant Antibiotic Prescribing: A Randomized Clinical Trial," *JAMA Internal Medicine* 174, no. 3 (2014): 425–31, DOI:10. 1001/jamainternmed. 2013.14191.

32 Aneesh Rai, Marissa Sharif, Ed-ward Chang, Katherine L. Milkman, and Angela Duckworth, "The Benefits of Specificity and Flexibility on Goal-Directed Behavior over Time" (working paper, 2020).

33 John Beshears, Hengchen Dai, Katherine L. Milkman, and Shlomo Benartzi, "Using Fresh Starts to Nudge Increased Retirement Savings" (working paper, 2020).

34 John Beshears, Hae Nim Lee, Katherine L. Milkman, Robert Mislav-

sky, and Jessica Wisdom, "Creating Exercise Habits: The Trade-Off between Flexibility and Routinization," *Management Science* (October 2020), https://doi.org/10.1287/mnsc.2020.3706.

35 Eric M. VanEpps, Julie S. Downs, and George Loewenstein, "Advance Ordering for Healthier Eating? Field Experiments on the Relationship between the Meal Order–Consumption Time Delay and Meal Content," *Journal of Marketing Research* 53, no. 3 (2016):369–80, DOI:10.1509/jmr.14.0234.

36 Hal E. Hershfield, Stephen Shu, and Shlomo Benartzi, "Temporal Reframing and Participation in a Savings Program: A Field Experiment," *Marketing Science* 39, no. 6(2020): 1033–1201, https://doi.org/10.1287/mksc.2019.1177.

37 David W. Nickerson and Todd Rogers. "Do You Have a Voting Plan?: Implementation Intentions, Voter Turnout, and Organic Plan Making," *Psychological Science* 21, no. 2 (2010): 194–99, DOI:10.1177/095679 7609359326.

38 Agassi Rankings History, ATP Tour.

39 John Berkok, "On This Day: Andre Agassi Takes over Top Spot for the First Time in 1995," Tennis.com, April 10, 2020, accessed September 30, 2020, www.tennis.com/pro-game/2020/04/on-this-day-andre-agassi-reaches-world-no-1-first-time-1995-25th-anniversary/88332.

第一章　时机

1　Google Inc., Form 10-K for the fiscal year ended December 31, 2011 (filed January 26, 2012), 25, accessed March 31, 2020, www.sec.gov/Archives/edgar/data/1288776/000119312512025336/d260164d10k.htm#toc260164_8.

2　Shai Bernstein, Timothy McQuade, and Richard Townsend, "Do Household Wealth Shocks Affect Productivity? Evidence from Innovative Workers During the Great Recession," National Bureau of Eco-

nomic Research, working paper w24011(November 2017), DOI:10.33
86/w24011.

3 Timothy Gubler, Ian Larkin, and Lamar Pierce, "Doing Well by Mak-
   ing Well: The Impact of Corporate Wellness Programs on Employee
   Productivity," *Management Science* 64, no. 11 (November 2018):496
   7–87, DOI:10.1287/mnsc.2017.2883.

4 Prasad Setty, conversation with the author at Google PiLab Research
   Summit, Mountain View, California, May 11, 2012.

5 Rebecca J. Mitchell and Paul Bates, "Measuring Health-Related Pro-
   ductivity Loss,"*Population Health Management* 14, no. 2 (April 2011):
   93–98, DOI:10.1089/pop.2010.0014.

6 Prasad Setty, conversation.

7 GBD 2013 Mortality and Causes of Death Collaborators, "Global,
   Regional, and National Age–Sex Specific All-Cause and Cause-Specific
   Mortality for 240 Causes of Death, 1990– 2013: A Systematic Anal-
   ysis for the Global Burden of Disease Study 2013," *The Lancet* 385,
   no. 9963(January 2015): 117–71, DOI:10.1016/s0140-6736(14)61682-2.

8 "Infant Mortality," Centers for Disease Control and Prevention, last
   reviewed March 27, 2019, accessed July 9, 2020, www.cdc.gov/reprodu
   ctivehealth/maternalinfanthealth/infantmortality.htm.

9 Marian Willinger, Howard J. Hoffman, and Robert B. Hartford, "In-
   fant Sleep Position and Risk for Sudden Infant Death Syndrome:Report
   of Meeting Held January 13 and 14, 1994, National Institutes of Hea-
   lth, Bethesda, MD," *Pediatrics* 93, no. 5 (1994): 814–819.

10 Felicia L. Trachtenberg, Elisabeth A. Haas, Hannah C. Kinney, Chri-
   stina Stanley, and Henry F. Krous, "Risk Factor Changes for Sudden
   Infant Death Syndrome after Initiation of Back-to-Sleep Campaign,"
   Pediatrics 129, no. 4 (March 2012): 630–38, DOI:10.1542/peds.2011-1
   419.

11 Bryan Bollinger, Phillip Leslie, and Alan Sorensen, "Calorie Posting
   in Chain Restaurants,"*American Economic Journal: Economic Policy*

参考文献

3, no. 1 (February 2011): 91–128, DOI:10.1257/pol.3.1.91.

12 Centers for Disease Control and Prevention, "CDC's Advisory Committee on Immunization Practices (ACIP) Recommends Universal Annual Influenza Vaccination," accessed May 17, 2019, www.cdc.gov/media/pressrel/2010/r100224.htm.

13 Centers for Disease Control and Prevention, "Flu Vaccination Coverage, United States, 2016–17 Influenza Season," accessed May 17, 2019, www.cdc.gov/flu/fluvaxview/cover age-1617estimates.htm.

14 Katherine M. Harris, Jürgen Maurer, Lori Uscher-Pines, Arthur L. Kellermann, and Nicole Lurie, "Seasonal Flu Vaccination: Why Don't More Americans Get It?" RAND Corporation, 2011, accessed May 17, 2019, www.rand.org/pubs/research_briefs/RB9572.html.

15 American Academy of Pediatrics, "Reducing Sudden Infant Death with 'Back to Sleep,'" accessed May 17, 2019, www.aap.org/en-us/advocacy-and-policy/aap-health-initiatives/7-great-achievements/Pages/Reducing-Sudden-Infant-Death-with-Back-to-.aspx.

16 Scott Harrison, *Thirst* (New York: Crown Publishing, 2018), 49–53.

17 Michael S. Shum, "The Role of Temporal Landmarks in Autobiographical Memory Processes," *Psychological Bulletin* 124, no. 3 (November 1998): 423–42, DOI:10.1037/0033-2909.124.3.423.

18 Christopher J. Bryan, Gregory M. Walton, Todd Rogers, and Carol S. Dweck, "Motivating Voter Turnout by Invoking the Self," *PNAS* 108, no. 31 (August 2011): 12653–56, DOI:10.1073/pnas.1103343108.

19 Susan A. Gelman and Gail D. Heyman, "Carrot-Eaters and Creature-Believers: The Effects of Lexical-ization on Children's Inferences about Social Categories," *Psychological Science* 10, no.6 (1999): 489–93, DOI: 10.1111/1467-9280.00194.

20 Gregory M. Walton and Mahzarin R. Banaji, "Being What You Say: The Effect of Essentialist Linguistic Labels on Preferences," *Social Cognition* 22, no.2 (2004):193–213, DOI:10.1521/soco.22.2.193.35463.

21 Katy Milkman, "A Clean Slate," *Choiceology*, January 7, 2019, accessed December 20, 2019, www.schwab.com/resource-center/insights/content/choiceology-season-2-episode-5.

22 John C. Norcross, Marci S. Mrykalo, and Matthew D. Blagys, "'Auld lang Syne': Success Predictors, Change Processes, and Self-Reported Outcomes of New Year's Resolvers and Nonresolvers," *Journal of Clinical Psychology* 58, no. 4 (April 2002): 397–405, DOI:10.1002/jclp.1151.

23 Hengchen Dai, Katherine L. Milkman, and Jason Riis, "The Fresh Start Effect: Temporal Landmarks Motivate Aspirational Behavior," *Management Science* 60, no. 10 (June 2014):1–20, DOI:10.1287/mnsc.2014.1901.

24 Hengchen Dai, Katherine L. Milkman, and Jason Riis, "Put Your Imperfections behind You: Temporal Landmarks Spur Goal Initiation When They Signal New Beginnings," *Psychological Science* 26, no. 12 (November 2015): 1927–36, DOI:10.1177/0956797615605818.

25 Wendy Liu, "Focusing on Desirability: The Effect of Decision Interruption and Suspension on Preferences," *Journal of Consumer Research* 35, no. 4 (December 2008): 640–52, DOI:10.1086/592126.

26 Bob Pass, telephone conversation with the author, January 31, 2020.

27 Todd F. Heatherton and Patricia A. Nichols, "Personal Accounts of Successful Versus Failed Attempts at Life Change," *Personality and Social Psychology Bulletin* 20, no. 6 (December 1994): 664–75, DOI: 10.1177/0146167294206005.

28 Shaun Larcom, Ferdinand Rauch, and Tim Willems, "The Benefits of Forced Experimentation: Striking Evidence from the London Underground Network," *Quarterly Journal of Economics* 132, no. 4 (November 2017): 2019–55, DOI:10.1093/qje/qjx020.

29 Wendy Wood, Leona Tam, and Melissa Guerrero-Witt, "Changing Circumstances, Disrupting Habits," *Journal of Personality and Social*

Psychology 88, no. 6 (June 2005): 918–33, DOI:10.1037/0022-3514.8
8.6.918.

30 Dai et al., "The Fresh Start Effect," 1–20.

31 Hengchen Dai, "A Double-Edged Sword: How and Why Resetting
Performance Metrics Affects Motivation," *Organizational Behavior
and Human Decision Processes* 148 (September 2018): 12–29, DOI:
10.1016/j.obhdp.2018.06.002.

32 Orlando Cabrera stats, ESPN, accessed June 8, 2020, www.espn.com/
mlb/player/stats/_/id/3739/orlandocabrera.

33 Jarrod Saltalamacchia stats, ESPN, accessed February 8, 2020, www.
espn.com/mlb/player/stats/_/id/28663/jarrod-saltalamacchia.

34 Hengchen Dai, "A Double-Edged Sword," 12–29.

35 Daniel Acland and Matthew R. Levy, "Naivete, Projection Bias, and
Habit Formation in Gym Attendance," *Management Science* 61, no. 1
(January 2015): 146–160, DOI:10.1287/mnsc.2014.2091.

36 Katherine L. Milkman, Julia A. Minson, and Kevin G. M. Volpp,
"Holding the Hunger Games Hostage at the Gym: An Evaluation
of Temptation Bundling," *Management Science* 60, no. 2 (November
2013): 283–99, DOI:10.1287/mnsc.2013.1784.

37 Richard H. Thaler and Shlomo Benartzi, "Save More Tomorrow™:
Using Behavioral Economics to Increase Employee Saving," *Journal
of Political Economy* 112, no. S1 (2004): S164–S187, DOI:10.1086/38
0085.

38 John Beshears, Katherine Milkman, Hengchen Dai, and Shlomo Ben-
artzi, "Using Fresh Starts to Nudge Increased Retirement Savings"
(working paper, 2020).

39 Dai et al., "Put Your Imperfections behind You," 1927–36.

40 Dai et al., "Put Your Imperfections behind You."

41 Marie Hennecke and Benjamin Converse, "Next Week, Next Month,

Next Year: How Perceived Temporal Boundaries Affect Initiation Expectations," *Social Psychological and Personality Science* 8, no. 8 (March 2017): 918–26, DOI:10.1177/1948550617691099.

42 Mariya Davydenko and Johanna Peetz, "Does It Matter If a Week Starts on Monday or Sunday? How Calendar Format Can Boost Goal Motivation," *Journal of Experimental Social Psychology* 82 (2019): 231–37, DOI:10.1016/j.jesp.2019.02.005.

43 Kathleen Craig and Forbes Finance Council, "The State of Savings in America," *Forbes*, February 10, 2020, accessed October 2, 2020, www.forbes.com/sites/forbesfinancecouncil/2020/02/10/the-state-of-savings-in-america/#48a61d5d48fb.

44 Beshears et al., "Using Fresh Starts."

45 Prasad Setty, email with the author, July 1, 2019.

46 Laszlo Bock, conversation with the author at Humu webinar, July 15, 2020.

47 Tara Parker-Pope, "Will Your Resolutions Last Until February?" *Well* (blog), *New York Times*, December 31, 2007, accessed September 28, 2020, http://well.blogs.nytimes.com/2007/12/31/will-your-resolutions-last-to-february.

48 Eric Spitznagel, "David Hasselhoff: The Interview," *Men's Health*, May 17, 2012, accessed June 25, 2020, www.menshealth.com/trending-news/a19555092/david-hasselhoff-interview.

第二章 冲动

1 Stockholm Regional Council, "AB Storstockholms Lokaltrafik SL och Länet 2018," accessed October 6, 2020, www.sll.se/globalassets/2.-kollektivtrafik/fakta-om-sl-och-lanet/sl_och_lanet_2018.pdf.

2 Rolighetsteorin, "Piano Stairs—TheFunTheory.com," YouTube vi-

deo, 1:47, October 7, 2009, www.you tube .com/watch?time_ continue=6& v=2lXh2n0aPyw.

3 Rolighetsteorin, "Piano Stairs."

4 Dena M. Bravata, Crystal Smith-Spangler, Vandana Sundaram, Allison L. Gienger, Nancy Lin, Robyn Lewis, Christopher D. Stave, Ingram Olkin, and John R. Sirard, "Using Pedometers to Increase Physical Activity and Improve Health: A Systematic Review,"*Journal of the American Medical Association* 298, no. 19 (2007):2296–2304.

5 Ted O'Donoghue and Matthew Rabin,"Present Bias: Lessons Learned and to Be Learned," *American Economic Review* 105, no. 5 (2015): 273–79, DOI:10.1257/aer.p20151085.

6 *Mary Poppins*, directed by Robert Stevenson (1964; Burbank, CA: Buena Vista Distribution Company, 1980), VHS.

7 Jasper Rees, "A Spoonful of Sugar: Robert Sherman,1925– 2012, The Arts Desk," last modified March 6, 2012, accessed July 23, 2019, www.theartsdesk.com/ film/spoonful-sugar-robert-sherman-1925-2012.

8 Kaitlin Woolley and Ayelet Fishbach, "For the Fun of It: Harnessing Immediate Rewards to Increase Persistence in Long-Term Goals," *Journal of Consumer Research* 42, no. 6 (2016): 952–66, DOI:10.1093/jcr/ucv098.

9 Stefano DellaVigna and Ulrike Malmendier, "Paying Not to Go to the Gym," *American Economic Review* 96, no. 3 (2006): 694–719, DOI: 10.1257/ aer.96.3.694.

10 Justin Reich and José Ruipérez- Valiente, "The MOOC Pivot," *Science* 363, no. 6423 (2019): 130–31, DOI:10 .1126/science.aav7958.

11 Klaus Wertenbroch, "Consumption Self- Control by Rationing Purchase Quantities of Virtue and Vice," *Marketing Science* 17, no. 4 (1998): 317–37, DOI:10.1287/mksc.17.4.317.

12 Woolley and Fishbach, "For the Fun of It," 952–66.

13 Woolley and Fishbach, "For the Fun of It," 952–66.

掌 控 改 变

14 Cinzia R. De Luca, Stephen J. Wood, Vicki Anderson, Jo -Anne Buchanan, Tina M. Proffitt, Kate Mahony, and Christos Pantelis, "Normative Data from the Cantab. I: Development of Executive Function over the Lifespan," *Journal of Clinical and Experimental Neuropsychology* 25, no. 2 (2010): 242–54, DOI:10.1076 /jcen.25.2.242.13639.

15 Katherine L. Milkman, Julia A. Minson, and Kevin G. M. Volpp, "Holding the Hunger Games Hostage at the Gym: An Evaluation of Temptation Bundling," *Management Science* 60, no. 2 (November 2013): 283–99, DOI:10.1287/mnsc.2013.1784.

16 Erika L. Kirgios, Graelin H. Mandel, Yeji Park, Katherine L. Milkman, Dena Gromet, Joseph Kay, and Angela L. Duckworth, "Teaching Temptation Bundling to Boost Exercise: A Field Experiment," *Organizational Behavior and Human Decision Processes* (working paper, 2020).

17 Woolley and Fishbach, "For the Fun of It," 952–66.

18 Jana Gallus, telephone conversation with the author, May 17, 2019.

19 Jana Gallus, "Fostering Public Good Contributions with Symbolic Awards: A Large- Scale Natural Field Experiment at Wikipedia," *Management Science* 63, no. 12, (2017): 3999–4015, DOI:10.1287/ mnsc.2016.2540.

20 Kevin Werbach, conversation with the author, Philadelphia, June 25, 2019.

21 Katie Gibbs Masters, "5 Tips to Becoming a 'Savvy' Social Media Marketer," Cisco Blogs, April 22, 2013, accessed March 30, 2020, https:// blogs.cisco.com/socialmedia/5-tips-to-becoming-a-savvy-social-media-marketer.

22 Oliver Chiang, "When Playing Videogames at Work Makes Dollars and Sense," *Forbes*, August 9, 2010, www.forbes.com/ 2010/08/09/ microsoft-workplace-training -technology-videogames.html#2f4 08a176b85.

23 "Examples of Gamification in the Workplace," *Racoon Gang*, April

19, 2018, https://raccoongang.com/blog/examples-gamification-workplace.

24 Ethan R. Mollick and Nancy Rothbard, "Mandatory Fun: Consent, Gamification and the Impact of Games at Work," Wharton School Research Paper Series, SSRN (September 30, 2014), https://papers.ssrn.com/sol3/papers.cfm?abstract_id=2277103.

25 Ethan Mollick, conversation with the author, Philadelphia, June 20, 2019.

26 Johan Huizinga, *Homo Ludens: A Study of the Play-Element in Culture* (New York: Roy Publishers, 1950), 10.

27 Katie Selen and Eric Zimmerman, *Rules of Play: Game Design Fundamentals* (Cambridge, MA: MIT Press, 2003), 94.

28 Katy Milkman, "A Spoonful of Sugar," *Choiceology*, May 25, 2020, accessed October 5, 2020, www.schwab.com/resource-center/insights/content/choiceology-season-5-episode-6.

29 Mitesh Patel et al., "Effect of a Game-Based Intervention Designed to Enhance Social Incentives to Increase Physical Activity Among Families," *JAMA Internal Medicine* 177, no. 11 (2017): 1586–93, DOI:10.1001/jamainternmed.2017.3458.

30 Taylor Lorenz, "How Asana Built the Best Company Culture in Tech," *Fast Company*, last modified March 29, 2017, accessed July 23, 2019, www.fastcompany.com/3069240/how-asana-built-the-best-company-culture-in-tech.

31 "These are the 18 Coolest Companies to Work for in NYC," Uncubed, accessed July 23, 2019, https://uncubed.com/daily/these-are-the-coolest-companies-to-work-for-in-nyc.

32 Roy Maurer, "Virtual Happy Hours Help Co-Workers, Industry Peers Stay Connected," Society for Human Resource Management, April 6, 2020, accessed June 24, 2020, www.shrm.org/hr-today/news/hr-news/pages/virtual-happy-hours-help-coworkers-stay-connected.aspx.

第三章　拖延

1　Nava Ashraf, Dean S. Karlan, Wesley Yin, and Marc Shotland, "Evaluating Microsavings Programs: Green Bank of the Philippines (A)," Harvard Business School Case no. 909-062 (June 2009, revised February 2014), www.hbs.edu/faculty/Pages/item.aspx?num=37449.

2　Pew Trusts, "What Resources Do Families Have for Financial Emergencies?" Pew Trusts, November 18, 2015, accessed July 26, 2019, www.pewtrusts.org/en/research-and-analysis /issue-briefs/2015/11/ emergency-savings-what-resources-do-families -have-for-financial-emergencies.

3　Pew Trusts, "What Resources Do Families Have?"

4　National Statistical Coordination Board, Population Income and Employment Division and Health Education and Social Welfare Division, *Philippine Poverty Statistics* (Makati City, Philippines: 2000), https:// psa.gov.ph/sites/default/files/1997%20Philippine%20Poverty%20Statistics.pdf.

5　Dean Karlan, email with the author, May 7, 2020.

6　Ashraf et al., "Evaluating Microsavings Programs."

7　Dan Ariely, *Predictably Irrational: The Hidden Forces That Shape Our Decisions* (New York: HarperCollins Publishers, 2008), 141.

8　Dan Ariely and Klaus Wertenbroch, "Procrastination, Deadlines, and Self-Control by Precommitment," *Psychological Science* 13, no.3 (2002): 219–24, DOI:10.1111 /1467-9280.00441.

9　Nava Ashraf, Dean Karlan, and Wesley Yin, "Tying Odysseus to the Mast: Evidence from a Commitment Savings Product in the Philippines," *Quarterly Journal of Economics* 121, no. 2 (2006): 635–72, DOI:10.1162/ qjec.2006.121.2.635.

10　Homer, *The Odyssey*, trans. Robert Fitzgerald (New York: Vintage Books, 1990), 215–16.

11　Adèle Hugo and Charles E. Wilbour, *Victor Hugo, by a Witness of*

His Life (New York: Carleton, 1864), 156.

12 Robert Henry Strotz, "Myopia and Inconsistency in Dynamic Utility Maximization," *Review of Economic Studies* 23, no. 3 (1955): 165–80, DOI:10.1007/978-1-349-15492-0_10.

13 Richard H. Thaler and Hersh M. Shefrin, "An Economic Theory of Self-Control," *Journal of Political Economy* 89, no. 2 (1981): 392–406, DOI:10.1086/260971.

14 Thomas Schelling, *Strategies of Commitment and Other Essays* (Cambridge, MA: Harvard University Press, 2006).

15 Todd Rogers, Katherine L. Milkman, and Kevin G. Volpp, "Commitment Devices: Using Initiatives to Change Behavior," *Journal of the American Medical Association* 311, no. 20 (2014): 2065–66, DOI:10.1001/jama.2014.3485.

16 Moment app, "Moment: Less Phone, More Real Life," Apple, https://inthemoment.io.

17 Ryan Ocello, "Self-Exclusion List Violations Remain a Small but Persistent Problem for PA Land-Based Casinos,"Penn Bets, February 14, 2018, accessed July 26, 2019, www.pennbets .com/mohegan-sun-pa-self-exclusion-violations.

18 Ashraf, Karlan, and Yin, "Tying Odysseus to the Mast," 635–72.

19 Dean Karlan, email conversation with the author, February 15, 2020.

20 Dan Ariely and Klaus Wertenbroch, "Procrastination, Deadlines, and Performance: Self-Control by Precommitment,"*Psychological Science* 13, no. 3 (2002): 219–24, DOI:10.1111/1467-9280.00441.

21 Katherine L. Milkman, Julia A. Minson, and Kevin G. M. Volpp, "Holding the Hunger Games Hostage at the Gym: An Evaluation of Temptation Bundling," *Management Science* 60, no. 2 (November 2013): 283–99, DOI:10.1287/mnsc.2013.1784.

22 Jordan Goldberg, lecture at Wharton School at University of Pennsylvania, February 21, 2019.

23 "Biography: Jordan Goldberg," Expert Word/Author Index, stickK, accessed October 7, 2020, www.stickk.com /blogs/author?authorId= 31&category=expertWord.

24 Nick Winter, telephone conversation with the author, July 15, 2019.

25 Nick Winter, "The Motivation Hacker," nickwinter .net, April 6, 2013, accessed December 12, 2019, www.nickwinter .net/the-motivation-hacker.

26 Nick Winter, *The Motivation Hacker* (self-published, 2013).

27 Xavier Giné, Dean Karlan, and Jonathan Zinman, "Put Your Money Where Your Butt Is: A Commitment Contract for Smoking Cessation," *American Economic Journal: Applied Economics* 2, no. 4 (2010):213–35, DOI:10.1257/app.2.4.213.

28 Heather Royer, Mark Stehr, and Justin Sydnor, "Incentives, Commitments, and Habit Formation in Exercise: Evidence from a Field Experiment with Workers at a Fortune 500 Company,"*American Economic Journal: Applied Economics* 7, no. 3 (2015): 51–84, DOI:10.1257/ app.20130327.

29 Leslie K. John, George Loewenstein, Andrea B. Troxel, Laurie Norton, Jennifer E. Fassbender, and Kevin G. Volpp,"Financial Incentives for Extended Weight Loss: A Randomized, Controlled Trial,"*Journal of General Internal Medicine* 26, no. 6 (2011): 621–26, DOI:10.1007/ s11606-010-1628-y.

30 Janet Schwartz, Daniel Mochon, Lauren Wyper, Josiase Maroba, Deepak Patel, and Dan Ariely, "Healthier by Precommitment,"*Psychological Science* 25, no. 2 (2014): 538–46, DOI:10.1177/ 0956797613 510950.

31 A. Mark Fendrick, Arnold S. Monto, Brian Nightengale, and Matthew Sarnes, "The Economic Burden of Non- Influenza- Related Viral Respiratory Tract Infection in the United States,"*Archives of Internal Medicine* 163, no. 4 (2003): 487–94,DOI:10.1001/archinte.163.4.487.

32 Daniella Meeker, Tara K. Knight, Mark W. Friedberg, Jeffrey A. Linder, Noah J. Goldstein, Craig R. Fox, Alan Rothfeld, Guillermo Diaz, and

Jason N. Doctor, "Nudging Guideline-Concordant Antibiotic Prescribing: A Randomized Clinical Trial," *JAMA Internal Medicine*174, no. 3 (2014):425–31, DOI:10.1001/jamainternmed.2013.14191.

33 Rogers et al., "Commitment Devices," 2065–66.

34 Leon Festinger, *A Theory of Cognitive Dissonance* (Stanford, CA: Stanford University Press, 1962).

35 Karen Herrera, telephone conversation with the author, November 22, 2019.

36 Aneesh Rai, Marissa Sharif, Edward Chang, Katherine L. Milkman, and Angela Duckworth, "The Benefits of Specificity and Flexibility on Goal-Directed Behavior over Time"(working paper, 2020).

37 Hal Hershfield, Stephen Shu, and Shlomo Benartzi, "Temporal Reframing and Participation in a Savings Program: A Field Experiment," *Marketing Science* 39, no. 6 (2020):1033–1201, DOI:10.1287/mksc.2019.1177.

38 Marshall Corvus, "Why the Self-Help Industry Is Dominating the U.S.," Medium, February 24, 2019, accessed July 26, 2019, https://medium.com/s/story/no-please-help-yourself-981058f3b7cf.

39 Ted O'Donoghue and Matthew Rabin, "Doing It Now or Later," *American Economic Review* 89, no. 1 (1999): 103–24, DOI:10.1257/aer.89.1.103.

40 Ariely and Wertenbroch, "Procrastination, Deadlines, and Performance," 219–24.

41 Hengchen Dai, David Mao, Kevin G. Volpp, Heather E. Pearce, Michael J. Relish, Victor F. Lawnicki, and Katherine L. Milkman, "The Effect of Interactive Reminders on Medication Adherence: A Randomized Trial," *Preventive Medicine* 103 (October 2017): 98–102, DOI:10.1016/j.ypmed.2017.07.019.

掌 控 改 变

第四章　健忘

1　"Disease Burden of Influenza," Centers for Disease Control and Prevention, updated October 1, 2020, accessed October 5, 2020, www.cdc.gov/flu/about/burden/index.html.

2　"The 2009 H1N1 Pandemic: Summary Highlights, April 2009–April 2010," Centers for Disease Control and Prevention, updated June 16, 2010, accessed October 2, 2020, www.cdc.gov/h1n1 flu/cdcresponse.htm.

3　Giuliana Viglione, "How Many People Has the Coronavirus Killed?" *Nature*, September 1, 2020, accessed October 2, 2020, www.nature.com/articles/d41586-020-02497-w.

4　Prashant Srivastava, conversation with the author, September 2009.

5　"Dow Jones Industrial Average, June 2007 to June 2008," *Wall Street Journal*, accessed February 12, 2020, www.wsj.com/market-data/quotes/index/DJIA/historical-prices.

6　Andrew Glass, "Barack Obama Defeats John McCain, November 4, 2008," *Politico,* November 4, 2015, accessed October 8, 2020, www.politico.com/story/2015/11/this-day-in-politics-nov-4-2008-215394.

7　Michael Cooper and Dalia Sussman, "McCain and Obama Neck and Neck, Poll Shows," *New York Times*, August 21, 2008, accessed October 2, 2020, www.nytimes.com/2008/08/21/world/americas/21iht-21iht-poll.4.15519735.html.

8　"What Is the Electoral College?" National Archives, last reviewed December 23, 2019, accessed March 30, 2020, www.archives.gov/electoral-college/about.

9　Federal Elections Commission, "2000 Presidential General Election Results," updated December 2001, accessed October 6, 2020, https://web.archive.org/web/20120912083944/http://www.fec.gov/pubrec/2000presgeresults.htm.

10　Drew DeSilver, "U.S. Trails Most Developed Countries in Voter Turnout," Pew Research Center, May 21, 2018, www.pewresearch.org/

fact-tank/2018/05/21/u-s-voter-turnout-trails-most-developed-count-ries.

11 Todd Rogers and Masahiko Aida, "Vote Self- Prediction Hardly Predicts Who Will Vote, and Is (Misleadingly) Unbiased," *American Politics Research* 42, no. 3 (September 2013): 503–28, DOI:10.1177/1532673X13496453.

12 Peter Gollwitzer, Frank Wieber, Andrea L. Myers, and Sean M. McCrae, "How to Maximize Implementation Intention Effects," *Then a Miracle Occurs: Focusing on Behavior in Social Psychological Theory and Research*,ed. Christopher R. Agnew (New York: Oxford University Press, 2009): 137– 67.

13 Todd Rogers, email with the author, August 8, 2019.

14 Judy Chevalier, email with the author, September 12, 2019.

15 "Adults Forget Three Things a Day, Research Finds," *Telegraph*, July 23, 2009, www.telegraph.co.uk/news/uknews /5891701/Adults-forget-three-things-a-day-research-finds.html.

16 Hermann Ebbinghaus, *Memory: A Contribution to Experimental Psychology*, trans. H. A. Ruger and C. E. Bussenius (New York: Tea-chers College, Columbia University, 1913/1885).

17 Lee Averell and Andrew Heathcote, "The Form of the Forgetting Curve and the Fate of Memories," *Journal of Mathematical Psychology* 55, no. 1 (February 2011): 25–35, DOI:10.1016/j.jmp.2010.08.009.

18 Dean Karlan, email to the author, April 1, 2019.

19 Peter G. Szilagyi, Clayton Bordley, Julie C. Vann, Ann Chelminksi, Ronald M. Kraus, Peter A. Margolis, and Lance Rodewald. "Effect of Patient Reminder/ Recall Interventions on Immunization Rates: A Review," *Journal of the American Medical Association* 284, no. 14 (November 2000): 1820–27, DOI:10.1001/jama.284.14.1820.

20 Peter A. Briss, Lance E. Rodewald, Alan Hinman, Sergine Ndiaye, and Sheree M. Williams, "Reviews of Evidence Regarding Interven-

tions to Improve Vaccination Coverage in Children, Adolescents, and Adults,"*American Journal of Preventive Medicine* 18, no. 1 (January 2000):97–140, DOI:10.1016/S0749-3797(99)00118-X.

21 Alan S. Gerber, Donald P. Green, and Christopher Larimer, "Social Pressure and Voter Turnout: Evidence from a Large-Scale Field Experiment," *American Political Science Review* 102, no. 1 (February 2008): 33–48. DOI:10.1017/S000305540808009X.

22 Dean Karlan, Margaret McConnell, Sendhil Mullainathan, and Jonathan Zinman, "Getting to the Top of Mind:How Reminders Increase Saving," *Management Science* 62, no. 12(December 2016):3393–3411, DOI:10.1287/mnsc.2015.2296.

23 John Austin, Sigurdur O. Sigurdsson, and Yonata S. Rubin. "An Examination of the Effects of Delayed Versus Immediate Prompts on Safety Belt Use,"*Environment and Behavior* 38, no. 1 (January 2006): 140–49. DOI:10.1177/0013916505276744.

24 Peter Gollwitzer and Veronika Brandstatter, "Implementation Intentions and Effective Goal Pursuit,"*Journal of Personality and Social Psychology* 73, no. 3 (July 1997): 186–99, DOI:10.1037/ 0022-3514. 73.1.186.

25 Peter Gollwitzer, "Implementations Intentions: Strong Effects of Simple Plans,"*American Psychologist* 54, no. 7(1999): 493–503, DOI:10.1037/ 0003-066X.54.7.493.

26 Douglas Hintzman, "Repetition and Memory,"*Psychology of Learning and Motivation* 10 (1976): 47–91, DOI:10.1016/S0079-7421(08)60464-8.

27 Marcel Proust, *In Search of Lost Time*, trans. John Sturrock (London: Penguin, 2003).

28 Todd Rogers and Katherine L. Milkman, "Reminders through Association," *Psychological Science* 27, no. 7 (May 2016):973–86, DOI: 10.1177/0956797616643071.

29 Unknown, *Rhetorica ad Herennium* (London: Loeb Classic Library, 1954), accessed June 24, 2020, http:// penelope .uchicago.edu/Thayer/ E/Roman/Texts/Rhetorica_ad_Herennium /1*.html.

30 Jennifer McCabe, "Location, Location, Location! Demonstrating the

参考文献

Mnemonic Benefit of the Method of Loci," *Teaching of Psychology* 42, no. 2 (February 2015): 169–73, DOI:10.1177/0098628315573143.

31 Tom Ireland, "'Hello, Can We Count on Your Vote?' How I Hit the Phones for Three Different Parties," *The Guardian* , May 6, 2015, accessed October 2, 2020, www.theguardian.com /politics/2015/may/ 06/hello-can-we-count-your-vote-phone-canvassing-for-three-parties-election.

32 "Phone Calls from Political Parties and Candidates," Canadian Radio-television and Telecommunications Commission, modified April 3, 2020, accessed October 2, 2020, https:// crtc.gc.ca /eng/phone/rce-vcr/ phone.htm.

33 Vindu Goel and Suhasini Raj, "In 'Digital India,' Government Hands Out Free Phones to Win Votes," *New York Times*, November 18, 2018, accessed October 2, 2020, www.nytimes.com/2018/11/18/ technology/india-government-free-phones-election.html.

34 Johannes Bergh, Dag Arne Christensen, and Richard E. Matland, "When Is a Reminder Enough? Text Message Voter Mobilization in a European Context," *Political Behavior* (2019), DOI:10.1007/ s11109-019-09578-1.

35 "Political Calls You Might Receive," Australian Communications and Media Authority, updated January 29, 2018, accessed October 2, 2020, www.donotcall.gov.au/consumers/consumer-overview/ political-calls-you-might-receive.

36 Todd Rogers, telephone conversation with the author, July 26, 2019.

37 David Nickerson and Todd Rogers, "Do You Have A Voting Plan? Implementation Intentions, Voter Turnout, and Organic Plan Making," *Psychological Science* 21, no. 2 (February 2010): 194–99, DOI:10.1177/0956797609359326.

38 Katherine L. Milkman, John Beshears, James J. Choi, David Laibson, and Brigitte C. Madrian, "Using Implementation Intentions Prompts to Enhance Influenza Vaccination Rates,"

Proceedings of the National Academy of Sciences 108, no. 26 (June 2011): 10415–20, DOI:10.1073/pnas.1103170108.

39 Katherine L. Milkman, John Beshears, James J. Choi, David Laibson, Brigitte C. Madrian, "Planning Prompts as a Means of Increasing Preventative Screening Rates," *Preventive Medicine* 56, no. 1 (January 2013): 92–93, DOI:10.1016/j.ypmed.2012.10.021.

40 Jason Riis, conversation with the author, Philadelphia, October 16, 2019.

41 Lloyd Thomas, conversation with the author, London, June 27, 2019.

42 Paschal Sheeran, Thomas L. Webb, and Peter M. Gollwitzer, "The Interplay between Goal Intentions and Implementation Intention," *Personality and Social Psychology Bulletin* 31, no.1 (January 2005): 87–98, DOI:10.1177/0146167204271308.

43 Amy N. Dalton and Stephen A. Spiller, "Too Much of a Good Thing: The Benefits of Implementation Intentions Depend on the Number of Goals," *Journal of Consumer Research* 39, no. 3 (October 2012): 600–14, DOI:10.1086/664500.

44 Atul Gawande, *The Checklist Manifesto* (New York: Macmillan, 2010).

45 Alex B. Haynes, Thomas G. Weiser, William R. Berry et al., "A Surgical Safety Checklist to Reduce Morbidity and Mortality in a Global Population," *New England Journal of Medicine* 360, no. 5 (2009): 491–99, DOI:10.1056/NEJMsa0810119.

46 Kirabo Jackson and Henry Schneider, "Checklists and Work Behavior: A Field Experiment," *American Economic Journal: Applied Economics* 7, no. 4 (October 2015): 136–68,DOI:10.1257/app.20140044.

47 Todd Rogers, telephone conversation with the author, July 26, 2019.

参考文献

48 Prashant Srivastava, telephone conversation with the author, July 26, 2019.

第五章　懒惰

1　Steve Honeywell, telephone conversation with the author, December 18, 2019.

2　Mitesh Patel, lecture at Wharton School at University of Pennsylvania, April 11, 2019.

3　Mitesh S. Patel, Susan C. Day, Scott D. Halpern, C. William Hanson, Joseph R. Martinez, Steven Honeywell, and Kevin G. Volpp, "Generic Medication Prescription Rates after Health System–Wide Redesign of Default Options within the Electronic Health Record," *JAMA Internal Medicine* 176, no. 6 (2016): 847–48, DOI:10.1001/ jamainternmed.2016.1691.

4　*The Little Red Hen*, ed. Diane Muldrow (New York: Golden Books, 1954).

5　Aesop, "The Ant and the Grasshopper," *Aesop's Fables*, 1867, Lit2Go, accessed October 5, 2020, https://etc.usf.edu/lit2go/35/ aesops- fables/366/- the-ant-and-the-grasshopper.

6　Herbert Simon, *Administrative Behavior: A Study of Decision-Making Processes in Administrative Organizations* (New York: Free Press, 1945), 120.

7　Patel, lecture.

8　"The Nudge Unit," Penn Medicine, accessed October 5, 2020, https://nudgeunit.upenn.edu.

9　Richard Thaler and Cass Sunstein, *Nudge* (New Haven, CT: Yale University Press, 2008).

10 Brigitte C. Madrian and Dennis F. Shea, "The Power of Suggestion: Inertia in 401(k) Participation and Savings Behavior," *Quarterly Journal of Economics* 116, no. 4 (2001): 1149–87, DOI:10.2139/ssrn.223635.

11 M. Kit Delgado, Francis S. Shofer, Mitesh S. Patel et al., "Association between Electronic Medical Record Implementation of Default Opioid Prescription Quantities and Prescribing Behavior in Two Emergency Departments," *Journal of General Internal Medicine* 33, no. 4 (2018): 409–11, DOI:10.1007/s11606-017-4286-5.

12 John Peters, Jimikaye Beck, Jan Lande, Zhaoxing Pan, Michelle Cardel, Keith Ayoob, and James O. Hill, "Using Healthy Defaults in Walt Disney World Restaurants to Improve Nutritional Choices," *Journal of the Association for Consumer Research* 1, no. 1 (2016): 92–103, DOI:10.1086/ 684364.

13 Gretchen B. Chapman, Meng Li, Helen Colby, and Haewon Yoon, "Opting In vs Opting Out of Influenza Vaccination," *Journal of the American Medical Association* 304, no. 1 (2010): 43–44. DOI:10.1001/jama.2010.892.

14 Kareem Haggag and Giovanni Paci, "Default Tips," *American Economic Journal: Applied Economics* 6, no. 3 (July 2014): 1–19, DOI:10.1257/app.6.3.1.

15 Katy Milkman, "Creatures of Habit," *Choiceology*, November 18, 2019, accessed December 18, 2019, www.schwab.com/resource-center/insights/content/choiceology-season-4-episode-6.

16 George F. Loewenstein, Elke U. Weber, Christopher K. Hsee, and Ned Welch, "Risk as Feelings," *Psychological Bulletin* 127, no. 2 (March 2001): 267–86, DOI:10.1037/0033-2909.127.2.267.

17 Wendy Wood and David Neal, "A New Look at Habits and the Habit-Goal Interference," *Psychological Review* 114, no. 4 (October 2007): 843–63, DOI:10.1037/0033-295X.114.4.843.

参考文献

18 Milkman, "Creatures of Habit."

19 B. F. Skinner, "Operant Behavior," *American Psychologist* 18, no. 8 (1963): 503–15, DOI:10.1037/h0045185.

20 Gary Charness and Uri Gneezy, "Incentives to Exercise," *Econometrica* 77, no. 3 (2009): 909–31, DOI:10.3982/ECTA7416.

21 Charles Duhigg, *The Power of Habit* (New York: Random House, 2012).

22 James Clear, *Atomic Habits* (New York: Avery, Penguin Random House, 2018).

23 Brian M. Galla and Angela L. Duckworth, "More than Resisting Temptation: Beneficial Habits Mediate the Relationship between Self-Control and Positive Life Outcomes," *Journal of Personality and Social Psychology* 109, no. 3 (2015): 508–25, DOI:10.1037/pspp0000026.

24 Ian Larkin Timothy and Lamar Pierce, "Doing Well by Making Well: The Impact of Corporate Wellness Programs on Employee Productivity," *Management Science* 64, no. 11 (June 2018): 4967–87, DOI:10.2139/ssrn.2811785.

25 Taylor L. Brooks, Howard Leventhal, Michael S. Wolf, Rachel O'Conor, Jose Morillo, Melissa Martynenko, Juan P. Wisnivesky, and Alex D. Federman, "Strategies Used by Older Adults with Asthma for Adherence to Inhaled Corticosteroids," *Journal of General Internal Medicine* 29, no. 11 (2014): 1506–12, DOI:10.1007/s11606-014-2940-8.

26 Karyn Tappe, Ellen Tarves, Jayme Oltarzewski, and Deirdra Frum, "Habit Formation among Regular Exercisers at Fitness Centers: An Exploratory Study," *Journal of Physical Activity and Health* 10, no. 4 (2013): 607–13, DOI:10.1123/jpah.10.4.607.

27 David T. Neal, Wendy Wood, Mengju Wu, and David Kurlander,

"The Pull of the Past," *Personality and Social Psychology Bulletin* 37, no. 11 (2011): 1428–37, DOI:10.1177/0146167211419863.

28 Milkman, "Creatures of Habit."

29 Shepard Siegel, Riley E. Hinson, Marvin D. Krank, and Jane McCully, "Heroin Overdose Death: Contribution of Drug-Associated Environmental Cues," *Science* 216, no. 4544 (1982): 436–37, DOI:10.1126/science.7200260.

30 John Beshears, Hae Nim Lee, Katherine L. Milkman, and Rob Mislavsky, "Creating Exercise Habits Using Incentives: The Trade-Off between Flexibility and Routinization," *Management Science* (forthcoming).

31 Walter Isaacson, *Benjamin Franklin: An American Life* (New York: Simon & Schuster, 2003), 43–44.

32 Gina Trapani, "Jerry Seinfeld's Productivity Secret," *Lifehacker*, July 24, 2007, accessed July 24, 2019, https:// life hacker.com/ jerry-seinfelds-productivity-secret-281626.

33 Lora E. Burke et al., "Self- Monitoring in Weight Loss: A Systematic Review of the Literature," *Journal of the American Dietetic Association* 111, no. 1 (2011): 92–102, DOI:10.1016/j.jada.2010.10.008.

34 Jackie Silverman and Alixandra Barasch, "On or Off Track: How (Broken) Streaks Affect Consumer Decisions" (working paper, 2020).

35 Gaby Judah, Benjamin Gardner, and Robert Aunger, "Forming a Flossing Habit: An Exploratory Study of the Psychological Determinants of Habit Formation," *British Journal of Health Psychology* 18, no. 2 (2013): 338–53, DOI:10.1111/ j.2044-8287.2012.02086.x.

第六章 信心

1　Katy Milkman in conversation with Max Bazerman, Boston, MA, 2007.

2　Paul Barreira, Matthew Basilico, and Valentin Bolotnyy, "Graduate Student Mental Health: Lessons from American Economics Departments" (working paper, 2018), https:// scholar.harvard.edu/ files/ bolotnyy/ files/ bbb_ mentalhealth_ paper.pdf.

3　Katy Milkman, email to Max Bazerman, January 8, 2012.

4　Max Bazerman, email with the author, January 13, 2012.

5　Lauren Eskreis-Winkler, telephone conversation with the author, November 1, 2019.

6　Katy Milkman, "Your Own Advice," *Choiceology*, October 7, 2019, accessed December 20, 2019, www.sch wab.com/ resource- center/ insights/ content/ choiceology- season-4-episode-3.

7　Albert Bandura, "Self- Efficacy: Toward a Unifying Theory of Behavioral Change," *Psychological Review* 84, no. 2 (1977): 191, DOI:10.1037/ 0033- 295X.84.2.191.

8　Michael P. Carey and Andrew D. Forsyth, "Teaching Tip Sheet: Self-Efficacy," *American Psychological Association* (2009), accessed June 25, 2020, www.apa.org/ pi/ aids/resources/ education/ self-efficacy.

9　Bandura, "Self-Efficacy," 191.

10　Jennifer A. Linde, Alexander J. Rothman, Austin S. Baldwin, and Robert W. Jeffery, "The Impact of self-Efficacy on Behavior Change and Weight Change among Overweight Participants in a Weight Loss Trial," *Health Psychology* 25, no. 3 (2006): 282–91, DOI:10.1037/ 0278- 6133.25.3.282.

11 Robert W. Lent, Steven D. Brown, and Kevin C. Larkin, "Relation of Self-Efficacy Expectations to Academic Achievement and Persistence," *Journal of Counseling Psychology* 31, no. 3 (1984): 356–62, DOI:10.1037/ 0022-0167.31.3.356.

12 Craig R. M. McKenzie, Michael J. Liersch, and Stacey R. Finkelstein, "Recommendations Implicit in Policy Defaults," *Psychological Science* 17, no. 5 (May 2006): 414–20, DOI:10.1111/ j.1467-9280.2006.01721.x.

13 Lauren Eskreis-Winkler, Ayelet Fishbach, and Angela L. Duckworth, "Dear Abby: Should I Give Advice or Receive It?" *Psychological Science* 29, no. 11 (2018): 1797–806, DOI:10.1177/0956797618795472.

14 Lauren Eskreis-Winkler, Katherine L. Milkman, Dena M. Gromet, and Angela L. Duckworth, "A Large-Scale Field Experiment Shows Giving Advice Improves Academic Outcomes for the Advisor," *Proceedings of the National Academy of Sciences* 116, no. 30 (2019): 14808–10, DOI:10.1073/ pnas.1908779116.

15 E. Aronson, "The Power of Self-Persuasion." *American Psychologist* 54, no. 11, (1999): 875–84, DOI:10.1037/ h0088188.

16 Milkman, "Your Own Advice."

17 Linda Babcock, Maria P. Recalde, Lise Vesterlund, and Laurie Weingart, "Gender Differences in Accepting and Receiving Requests for Tasks with Low Promotability," *American Economic Review* 107, no. 3 (2017): 714–47, DOI:10.1257/ aer.20141734.

18 Alcoholics Anonymous General Service Conference, *Questions & Answers on Sponsorship*, Alcoholics Anonymous World Services, Inc., 2017, accessed October 5, 2020, www.aa.org/assets/en_us/ p-15_Q& AonSpon.pdf.

19 Yang Song, George Loewenstein, and Yaojiang Shi, "Heterogeneous Effects of Peer Tutoring: Evidence from Rural Chinese Middle

参考文献

Schools," *Research in Economics* 72, no. 1 (2018): 33–48, DOI:10.1016/ j.rie.2017.05.002.

20 Alia J. Crum and Ellen J. Langer, "Mind-Set Matters: Exercise and the Placebo Effect," *Psychological Science* 18, no. 2 (2007): 165–71, DOI:10.1111/j.1467-9280.2007.01867.x.

21 Anton de Craen, Ted Kaptchuk, Jan Tijssen, and J. Kleijnen, "Placebos and Placebo Effects in Medicine: Historical Overview," *Journal of the Royal Society of Medicine* 92, no. 10(October 1999): 511–15, DOI:10.1177/ 014107689909201005.

22 Alison Wood Brooks, "Get Excited: Reappraising Pre-Performance Anxiety as Excitement," *Journal of Experimental Psychology: General* 143, no. 3 (2014): 1144, DOI:10.1037/a0035325.

23 Catherine Good, Joshua Aronson, and Michael Inzlicht, "Improving Adolescents' Standardized Test Performance: An Intervention to Reduce the Effects of Stereotype Threat," *Journal of Applied Developmental Psychology* 24, no. 6 (2003): 645–62, DOI:10.1016/ j.appdev.2003.09.002.

24 Alia Crum, interview with the author, June 16, 2020.

25 Samantha Dockray and Andrew Steptoe, "Positive Affect and Psychobiological Processes," *Neuroscience and Biobehavioral Reviews* 35, no. 1 (September 2010): 69–75, DOI:10.1016/ j.neubiorev.2010.01.006.

26 Alia J. Crum, William R. Corbin, Kelly D. Brownwell, and Peter Salovey, "Mind over Milkshakes: Mindsets, Not Just Nutrients, Determine Ghrelin Response," *Health Psychology* 30, no. 4 (2011): 424–29, DOI:10.1037/ a0023467.

27 David Mikkelson, "The Unsolvable Math Problem," Snopes, December 4, 1996, accessed December 12, 2019, www.snopes.com/ fact-check/the-unsolvable-math-problem.

28 Jack and Suzy Welch, "Are Leaders Born or Made? Here's What's Coachable—and What's Definitely Not," LinkedIn, May 1, 2016,

accessed December 20, 2019, www.linkedin.com/ pulse/ leaders-born-made-heres-whats-coachable-definitely-jack-welch.

29 Matthew Futterman, "Seattle Seahawks Coach Pete Carroll Wants to Change Your Life," *Chicago Tribune*, January 10, 2020, accessed November 20, 2019, www.chicagotribune.com/sports/ national-sports/sns-nyt-seattle-seahawks-pete-carroll-wants-change-your-life-20200110-v6movm4yufgkdb67cz3m2qx6ia-story.html.

30 Winona Cochran and Abraham Tesser, "The 'What the Hell' Effect: Some Effects of Goal Proximity and Goal Framing on Performance," *Striving and Feeling: Interactions among Goals, Affect, and Self-Regulation*, eds. Leonard L. Martin and Abraham Tesser (Mahwah, NJ: Lawrence Erlbaum Associates, 1996), 99–120.

31 Marissa A. Sharif, email with the author, January 10, 2020.

32 Marissa A. Sharif and Suzanne B. Shu, "The Benefits of Emergency Reserves: Greater Preference and Persistence for Goals That Have Slack with a Cost," *Journal of Marketing Research* 54, no. 3 (June 2017): 495–509, DOI:10.1509/ jmr.15.0231.

33 Carol S. Dweck, *Mindset: The New Psychology of Success*, updated edition (New York: Random House, 2016).

34 Dweck, *Mindset*.

35 David S. Yeager, Paul Hanselman, Gregory M. Walton et al., "A National Experiment Reveals Where a Growth Mindset Improves Achievement," *Nature* 573, no. 7774 (2019): 364–69, DOI:10.1038/ s41586-019-1466-y.

36 Harvard Business Review Staff, "How Companies Can Profit from a 'Growth Mindset,' " *Harvard Business Review*, November 2014, accessed October 6, 2020, https://hbr.org/2014/11/how- companies-can-profit-from-a-growth-mindset.

37 Carol S. Dweck, "Mindsets and Human Nature: Promoting Change in the Middle East, the Schoolyard, the Racial Divide,

参考文献

and Willpower," *American Psychologist* 67, no. 8 (2012): 614–22, DOI:10.1037/a0029783.

38 Claude M. Steele, "The Psychology of Self-Affirmation: Sustaining the Integrity of the Self," *Advances in Experimental Social Psychology* 21, no. 2 (1988): 261–302, DOI: 10.1016/S0065-2601(08)60229-4.

39 Crystal C. Hall, Jiaying Zhao, and Eldar Shafir, "Self- Affirmation among the Poor," *Psychological Science* 25, no. 2 (2013): 619–25, DOI:10.1177/ 0956797613510949.

40 David Shariatmadari, "Daniel Kahneman: 'What would I eliminate if I had a magic wand? Overconfidence,'" *The Guardian*, July 18, 2015, accessed October 6, 2020, www.theguardian.com/books/2015/jul/18/daniel-kahneman-books-interview.

41 Claudia A. Mueller and Carol S. Dweck, "Praise for Intelligence Can Undermine Children's Motivation and Performance," *Journal of Personality and Social Psychology* 75, no. 1 (1998): 33–52, DOI:10.1037/0022-3514.75.1.33.

第七章　榜样

1 Scott Carrell, telephone conversation with the author, November 14, 2019.

2 Noah J. Goldstein and Robert B. Cialdini, "Using Social Norms as a Lever of Social Influence," *The Science of Social Influence: Advances and Future Progress* (2007): 167–92.

3 Scott E. Carrell, Richard L. Fullerton, and James E. West, "Does Your Cohort Matter? Measuring Peer Effects in College Achievement," *Journal of Labor Economics* 27, no. 3 (July 2009): 439–64, DOI:10.1086/ 600143.

4 Esther Duflo and Emmanuel Saez, "The Role of Information and Social Interactions in Retirement Plan Decisions: Evidence from a

Randomized Experiment," *Quarterly Journal of Economics* 118, no. 3 (2003): 815–42, DOI:10.1162/ 00335530360698432.

5   Bruce Sacerdote, "Peer Effects with Random Assignment: Results for Dartmouth Roommates," *Quarterly Journal of Economics* 116, no. 2 (2001): 681–704, DOI:10.1162/00335530151144131.

6   Lucas C. Coffman, Clayton R. Featherstone, and Judd B. Kessler, "Can Social Information Affect What Job You Choose and Keep?" *American Economic Journal: Applied Economics* 9, no. 1 (2017): 96–117, DOI:10.1257/ app.20140468.

7   Duflo and Saez, "The Role of Information," 815–42.

8   Kassie Brabaw, conversation with the author, Philadelphia, PA, June 2019.

9   Lee Ross, David Greene, and Pamela House, "The 'False Consensus Effect': An Egocentric Bias in Social Perception and Attribution Processes," *Journal of Experimental Social Psychology* 13, no. 3 (1977): 279–301, DOI:10.1016/ 0022- 1031(77)90049-x.

10 Katie S. Mehr, Amanda E. Geiser, Katherine L. Milkman, and Angela L. Duckworth, "Copy-Paste Prompts: A New Nudge to Promote Goal Achievement," *Journal of the Association for Consumer Research* 5, no. 3 (2020): 329–334, DOI:10.1086/ 708880.

11 F. Marijn Stok, Denise T. D. de Ridder, Emely de Vet, and John B. F. de Wit, "Don't Tell Me What I Should Do, but What Others Do: The Influence of Descriptive and Injunctive Peer Norms on Fruit Consumption in Adolescents," *British Journal of Health Psychology* 19, no. 1 (2014): 52–64, DOI:10.1111/ bjhp.12030.

12 Noah J. Goldstein, Robert B. Cialdini, and Vladas Griskevicius, "A Room with a Viewpoint: Using Social Norms to Motivate Environmental Conservation in Hotels," *Journal of Consumer Research* 35, no. 3 (March 2008): 472–82, DOI:10.1086/ 586910.

13 Robert M. Bond, Christopher J. Fariss, Jason J. Jones, Adam

参考文献

D. I. Kramer, Cameron Marlow, Jaime E. Settle, and James H. Fowler, "A 61-Million-Person Experiment in Social Influence and Political Mobilization," *Nature* 489 (September 2012): 295–98, DOI:10.1038/ nature11421.

14 Solomon E. Asch, "Opinions and Social Pressure," *Scientific American* 193, no. 5 (November 1955): 17–26, DOI: 10.1038/ scientificamerican1155-31.

15 Stanley Milgram, "Behavioral Study of Obedience," *Journal of Abnormal and Social Psychology* 67, no. 4 (October 1963): 371–78, DOI:10.1037/ h0040525.

16 Stanley Milgram, "Some Conditions of Obedience and Disobedience to Authority," *Human Relations* 18, no. 1 (1965): 57–76, DOI:10.1177/ 001872676501800105.

17 Scott E. Carrell, Bruce I. Sacerdote, and James E. West, "From Natural Variation to Optimal Policy? The Importance of Endogenous Peer Group Formation," *Econometrica* 81, no. 3 (May 2013): 855–82, DOI:10.3982/ ECTA10168.

18 John Beshears, James J. Choi, David Laibson, Brigette C. Madrian, and Katherine L. Milkman, "The Effect of Providing Peer Information on Retirement Savings Decisions," *Journal of Finance* 70, no. 3 (February 2015): 1161– 1201, DOI:10.1111/ jofi.12258.

19 Cochran and Tesser, "*The 'What the Hell' Effect*," 99–120.

20 Alan S. Gerber, Donald P. Green, and Christopher Larimer, "Social Pressure and Voter Turnout: Evidence from a Large-Scale Field Experiment," *American Political Science Review* 102, no. 1 (February 2008): 33–48, DOI:10.1017/ S000305540808009X.

21 Erez Yoeli, Moshe Hoffman, David G. Rand, and Martin A. Nowak, "Powering Up with Indirect Reciprocity in a Large-Scale Field Experiment," *Proceedings of the National Academy of Sciences* 110, supplement 2 (June 2013): 10424–29, DOI:10.1073/ pnas.1301210110.

22 Daniel Sznycer, Laith Al-Shawaf, Yoella Bereby-Meyer et al., "Cross- Cultural Regularities in the Cognitive Architecture of Pride," *Proceedings of the National Academy of Sciences* 114, no. 8 (February 2017): 1874–79, DOI:10.1073/ pnas.1614389114.

23 Dean Karlan and Margaret A. McConnell, "Hey Look at Me: The Effect of Giving Circles on Giving," *Journal of Economic Behavior & Organization* 106 (2014): 402–12, DOI:10.1016/ j.jebo.2014.06.013.

24 Chad R. Mortensen, Rebecca Neel, Robert B. Cialdini, Christine M. Jaeger, Ryan P. Jacobson, and Megan M. Ringel, "Trending Norms: A Lever for Encouraging Behaviors Performed by the Minority," *Social Psychological and Personality Science* 10, no. 2 (December 2017): 201–10, DOI:10.1177/ 1948550617734615.

第八章　实现持久的改变

1   Angela Duckworth, conversation with the author, Philadelphia, PA, 2018.

2   Katherine L. Milkman et al., "A Mega-Study Approach to Evaluating Interventions" (working paper, 2020).

3   Brian W. Ward, Tainya C. Clarke, Colleen N. Nugent, and Jeannine S. Schiller, "Early Release of Selected Estimates Based on Data From the 2015 National Health Interview Survey," National Center for Health Statistics (2015): 120, www.cdc.gov/nchs/data/ nhis/earlyrelease/earlyrelease201605.pdf.

4   "Center for Health Incentives and Behavioral Economics," University of Pennsylvania, accessed March 24, 2020. https:// chibe.upenn.edu.

5   Kevin Volpp, telephone conversation with the author, 2018.

6   Hunt Allcott and Todd Rogers, "The Short-Run and Long-Run Effects of Behavioral Interventions: Experimental Evidence from

Energy Conservation," *The American Economic Review* 104, no. 10 (2014): 3003–7, www.jstor.org/ stable/ 43495312.

7 Karen Herrera, telephone conversation with the author, November 22, 2019.